喝下午茶的心情做家事

本多沙織

瑞昇文化

前言

家事是每天都反覆進行的作業活動，由於都按照自己的方式，很容易陷入形式化的狀態。而且家事是在密閉空間內默默地進行，很少有機會能夠看到其他人的家事方法。我因為工作的關係，經常會拜訪一般家庭，與在場的客人暢談家事相關話題，言談之中偶爾會產生「原來有這種方式！」的想法，能夠有所收穫的話我就會感到十分高興。而那些對方本身相當習慣的作法，對我而言卻很新鮮，像是想仿效的創意、想嘗試的商品、簡單又美味的食譜……，這些增添家事趣味的輔助品，都能為我那已經形式化的家事作法，帶來新的轉變。

很開心的是，我能夠造訪嚮往已久的七個家庭，以「請展現出在家中做家事的方法」的方式進行採訪，進而完成本書的內容。即便是在需要上班或是在家照顧小孩的狀態下，能用來完成家事的時間有所不同，然而所有人的共通點仍是「以愉快心情規劃家事的內容」。通常規劃內容都是十分簡單，讓家事變得相當省力。像是洗完臉後用洗手乳來清潔洗手台、用摺疊毛巾來代替腳踏墊，還有依照換洗衣物的擺放處晾曬衣物……。

只需要「感覺還不錯」的微妙改變，就能為每天的生活帶來令人興奮的樂趣。

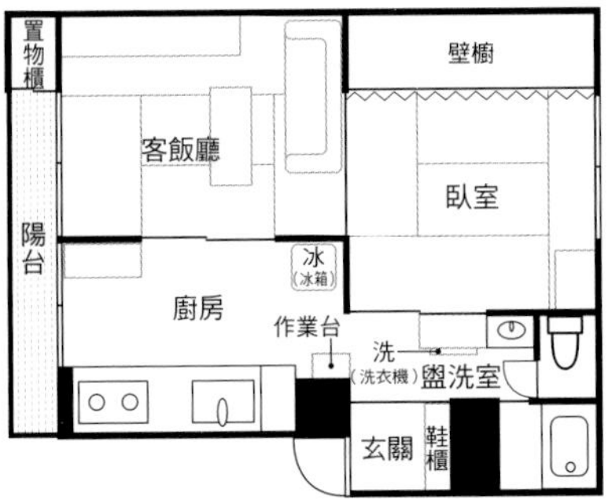

我的住家是2個人居住的42㎡出租住宅，附有一房一廳一廚。內部為田字型的格局，方便來回走動，空間的連接十分順暢。移動窗邊的桌子靠牆擺放，並將沙發改變90度，就能夠讓陽台的出入更加流暢。

PART 3「打掃、洗衣、煮飯的事前準備工夫」

MORISHIMA

NOMURA

Y.TANAKA

「在成為3人家庭之前
有了想要變得
更喜歡做家事的想法。」

某一天的常備菜料理，包括有豬肉湯、醃漬蛋、馬鈴薯沙拉……還有著重料理基礎的我。簡單的水煮秋葵和紅蘿蔔確保蔬菜的攝取量，同時也是增添便當豐富性的重要角色。

為了之後的生活，讓做家事變輕鬆的空間布置

其實只要改變作法與規劃內容，做家事感覺就會省力輕鬆許多——。

在撰寫前作《簡單做家事的空間布置》（小社發行）時，還是夫妻2人生活的狀態，不過現在我的肚子裡有了小生命，所以，會開始想要改變家事的作法與規劃內容。

每個人多少都會有自己做家事的喜好，這次採訪對象也都有各自「喜歡」和「不喜歡」的項目。我是個相當不擅長做料理的人，小時候當媽媽在分析說明外食的口味時，都會在一旁想說「這到底有什麼樂趣可言？」，心中抱持著疑問，對於做料理這件事一點都不感興趣。雖然很喜歡吃，但是卻完全不會想要親手做料理。不過由於丈夫是典型的「君子遠庖廚」的人，所以在家裡做菜這件事理所當然就要由我負責。因此為了減輕「今天要煮什麼料理？」、「要想辦法不要浪費食材！」之類的壓力，一直以來都努力做了不少的嘗試。

現在的我則是想要減少「不喜歡做料理」的感受，因為現實生活中必須擔起身為人母不要讓孩子餓肚子的責任，還得要注重健康問題，再加上需要受到呵護的家人，也即將誕生……。除了做料理之外，整燙衣物和採買等，都是自己不是很擅長的家事項目，首先心態上還是必須抱持著「一定得做！」的決心，就像是自己所擅長的收納和打掃那樣，找出屬於我自己的家事風格。

而且在孩子出生之後，也要讓親子之間的互動維持對等的關係。不能有「就算說了也沒用，所以就索性不說」的想法，而是要以「或許聽不進去，但話還是要說」為目標去努力。如此一來，就算是不擅長的部分也不需要刻意隱藏，可以大方公開，並將「媽媽雖然不擅長做這件事，但還是很努力」的想法完整傳達出來。這樣多少能夠緩和「必須這麼做」的壓力，還能降低「厭惡感」，慢慢地增加對這些事的好感。

所以說，生小孩還能獲得讓原本不擅長的家事，變得喜歡的機會。

COOKING

料理

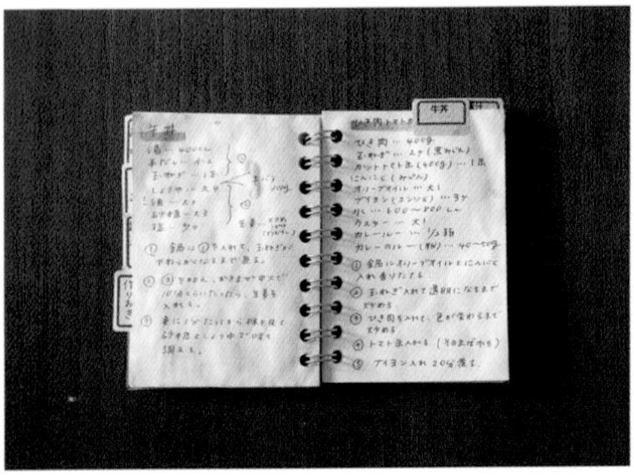

掌握「美味」的訣竅

這是在結婚後，開始製作使用的手掌大小食譜紀錄，要是沒有它，我想每天一到晚餐時間，應該就會一個頭兩個大。內容包括了在雜誌和網路上看到的情報，以及友人的建議作法等。我都會將做過一次、感覺滿意的食譜內容紀錄下來。索引的部分分為主菜、副菜、常備菜、醬汁（沾醬）4個種類。照片中的「牛丼」和「豬肉湯」則都是屬於特別限定欄位。

製作適量常備菜

如果冰箱內有常備菜，早上做便當就會特別輕鬆。我自己有深刻經驗，所以只要有時間和蔬菜，就會製作常備菜。只不過要注意，因為時間足夠和有多餘食材所製作的常備菜，有可能會因為製作分量過多，而無法及時食用完畢。由於曾經有過這樣的經驗，所以現在都只會適量製作1道湯品、2道配菜，以及2道水煮蔬菜。

善用市售的萬能醬汁

由於之前都無法將萬能醬汁全部用光，所以有好一陣子沒有使用。不過對於水煮蔬菜和豆腐，這種只要「淋上醬汁調味」的料理，萬能醬汁就有助於簡化料理步驟。最近，因為嘴饞又再次挑戰了，高興的是能夠直接跳過調味的這個繁複步驟。

左）毫不吝嗇地放入許多梅肉的「MOHEJI 紫蘇梅沾醬（使用紀州南高梅）」，以及帶有柔和酸味的柚子醬油－「佐吉的醬汁」。　上右）將「MOHEJI 紫蘇梅沾醬（使用紀州南高梅）」加入麻油和蜂蜜混合，接著在水煮菠菜和魩仔魚裡拌入醬料。　上左）在切好的蔬菜淋上少許「佐吉的醬汁」，就完成這道美味的沙拉。

擴大作業活動空間

AFTER

BEFORE

在給水管通過位置較高的地方，可以用來放置餐具架，擺放湯勺和料理筷等物品，也能夠全部移動至抽屜中擺放。如此一來就能多出用來收放鍋具和鋼盆的位置。由於在做料理時大多是單手作業，這樣的配置方式能更方便拿取。而且還能讓作業空間變得寬敞許多。

提升做菜效率

有了小孩之後，比起之前能夠待在廚房的時間變少了，在這樣的情況下，就得想辦法加快做菜的速度。首先是將瓦斯爐正面稍為加高的斜坡狀空間上的餐具架移開，只擺放烹調過程中會使用到的物品。還有將調味料從冰箱取出，放置在瓦斯爐的下方，這樣拿取收放也會方便許多。稍微省略某些步驟，就能夠讓做菜變得有效率。

不必再去拿調味料

放置在冰箱側邊的料理酒、味醂和醬油。因為要使用時拿取放回很麻煩，所以將這些物品移至瓦斯爐下方。做菜時將紙袋放在微波爐拉桌上，要使用的物品可以直接從紙袋內拿取放回。等到烹調完畢後，再把紙袋放回瓦斯爐下方。這是之前採訪時所學到的小技巧。

AFTER

BEFORE

IRONING

衣物整燙

每週1次整理 重複穿搭衣物

總是讓人深感困擾的衣物整燙家事，因為已經準備好因應季節的12件衣物，這樣就能做出些許的變化。這12件衣物當中也包括了襯衫在內，所以一個星期只要整燙衣物1～2次即可，這也是能夠同時用來整燙手帕的機會。出門在外，若使用沒有皺褶的平整手帕，能讓人感覺心情愉快，因而開始習慣這樣的生活方式。

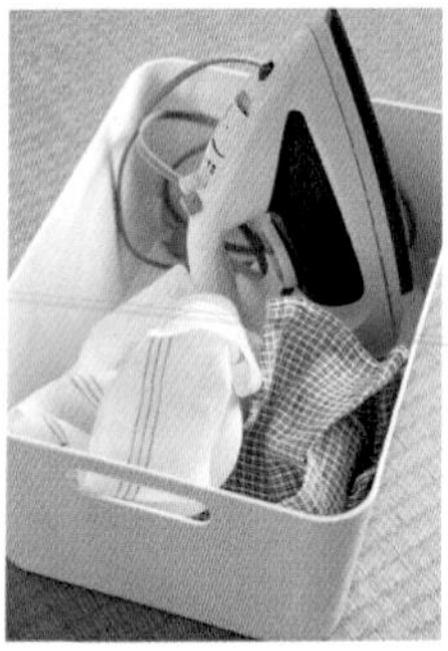

右）將清洗過的手帕放入收納熨斗的箱子內，整燙時就不需要多餘的準備時間。箱子則是會放在壁櫥的上方空間。　左）丈夫一個星期有幾天會穿著襯衫，因為懶的把襯衫拿去洗衣店，所以選擇了不需要整燙就能維持版型的襯衫。在經過多次嘗試後，現在是習慣穿著布克兄弟（Brooks Brothers）的品牌。

整燙好的手帕放置在玄關旁的金屬籃內，出門時直接拿取放在口袋或包包裡。總共準備了5～6條手帕和丈夫一起使用。

PAPERWORK 文件整理

規劃出文件整理的基地空間

我們家的客廳空間為6塊榻榻米（約3坪）大小，這是用來吃飯、家人團聚以及工作的空間。由於空間狹窄，會將已處理完的工作文件丟棄，但是其他文件的整理卻呈現停滯狀態。這也讓我不禁懷疑是否和沙發擺放的位置有關，所以我將文件擺放於坐在沙發上就能取得的位置，如此一來，文件的整理作業與執行進度就開始漸入佳境了。

右）回到家之後，會拿出皮包裡的明細表和收據。這是整理包包的好時機，所以會將這些東西先放置在其他地方保管。一個月會在家計本上整理記錄2次。　左）或許會因此改變分類方式？放在其他地方暫時保存的文件可使用整面黏貼式的便箋索引，翻閱尋找時較為方便，因為只需要黏貼後折起即可。

ERRAND 雜事

一口氣完成一整天的雜事

「要記得購買」、「順道去購買」，這些小雜事持續累積後，會發現要做的事變得很多。像是外出購買備用生活用品、洗衣服、舊書的整理等雜事一旦越積越多，就會陷入腦中一片混亂的狀態。所以不需要利用空檔時間來處理雜事，而是直接花費半天左右的時間來一口氣完成。這種方式還能有效提升家事效率。

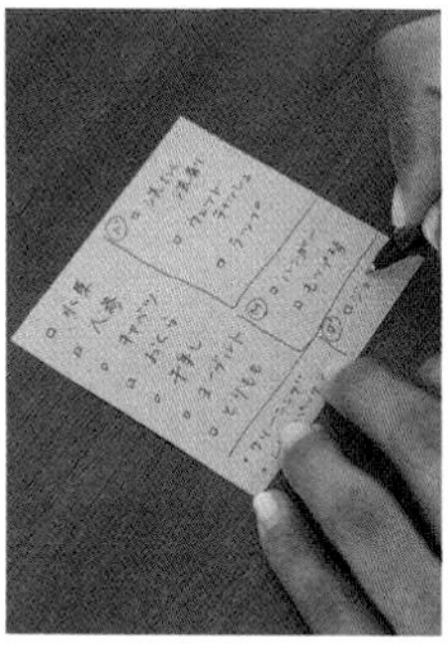

出發前先整理好要外出購買的物品清單。
DA→百圓商店
DO→藥妝店
以五十音的方式來分別標示出店名，並決定重要程度的先後順序。

「增加家事財產」的進化過程！

能夠讓明天過得更省力的輕鬆「家事財產」。

做家事的同時還得要照顧小孩，所以將目標值從原先的1成效率→2成效率。

我的夜晚事前準備

明天的衣著穿搭

需要早起出門工作的日子會在前一天先想好衣著穿搭，將衣物掛在臥室的窗邊。還會先準備好絲襪和內搭背心，早上就可以直接穿。多餘的時間可以用來打掃房間。

早餐

睡前會將白米放入鍋中用水浸泡，起床後先開火煮飯，然後再去洗臉。把蓋子打開是為了能夠直接從盥洗室確認是否煮沸，這也是讓家事順利進行的一環。

丈夫的家事參與

清洗襯衫

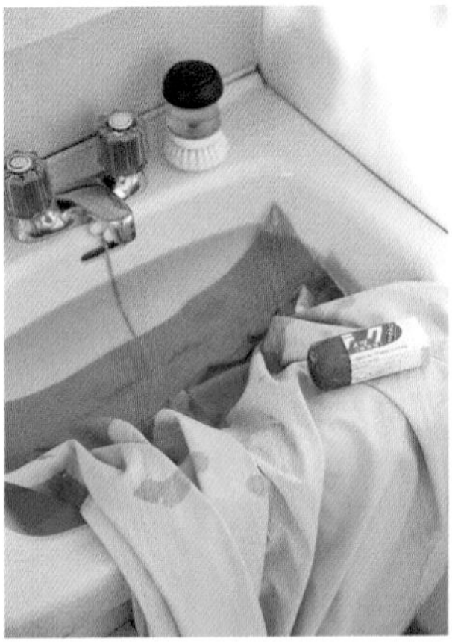

在洗手台以熱水浸泡襯衫。之前到這個步驟為止都是由丈夫負責，現在則是會幫忙放進洗衣機裡，所以我只要用手按下按鍵就好。

清洗碗盤

水槽左側是我負責清洗碗盤的位置，右側則是丈夫站著擦乾碗盤的地方。即便是原本由一個人負責的洗碗工作也會明確劃分工作內容，因為這樣就能減少一半的家事分量。

倒垃圾

在月曆上標明倒垃圾的日子，而且將月曆放在能夠一眼就看到的冰箱上。搞不清楚倒垃圾是哪天時，就能直接確認。這樣就不會錯過了每週3次的倒垃圾日子。

PART 1

拜訪「輕鬆做家事」的住家

每個人的家事作法或許有所出入，但是想盡量縮短時間，讓做家事變得簡單輕鬆的念頭應該都是大家的共同目標。接下來，從拜訪七個住家的採訪內容，與各位分享維持生活空間秩序的方法。

探訪生活上的前輩

學習夫妻之間家事分配的住家

引田TASEN先生、KAORI小姐

DATA
2人家庭（丈夫68歲，妻子57歲，為藝廊經營者和麵包店老闆），住家為重新裝潢的公寓（120m²，四房兩廳一廚）。

第一個造訪的是經營藝廊的
引田TASEN與KAORI夫婦的住家。
因為我是TASEN先生部落格的粉絲，
所以對這對夫妻的合理家事分配風格相當感興趣。
接著就要來向生活上的前輩，請教有關家事的話題。

PROFILE
位於東京吉祥寺的藝廊féve和麵包店Dans Dix Ans 是由2人共同經營。預計會出版以部落格內容「TASEN的光年記」為主的書籍《幸福的二人》（KADOKAWA）。KAORI小姐則是已經出版《我一直喜愛的事物》（小社刊）一書。

「這是靠著二人共同努力和花費時間的成果，不管到了幾歲，即便是男性也要懂得率先捲起袖子做家事。」

就連小擺飾都讓人感嘆夫妻倆美學的住宅空間。重新翻修裝潢後的嵌入式收納空間不需標示，就能立即知道物品所在。真的是獲益良多！

KAORI小姐「甚至連洗髮精都會收納唷。」

本多「這樣清理起來方便許多！」

右）浴室裡不會擺放物品，採取直接拿進去使用的制度。「這樣打掃就輕鬆許多，而且最後一個進入浴室的人，必須用毛巾將水漬擦乾。」之前曾請清潔人員來幫忙清除汙垢，然後就一直保持如此整潔乾淨的狀態。　左）洗髮精類的物品，則是要用毛巾擦拭後擺放在洗手台下方。

捨棄不需要的東西 讓住家變得健康

本多（以下稱「本」）在瀏覽了您的部落格內容後，真心覺得TASEN先生很擅長整理家務。想請教合理判斷捨棄不必要物品的訣竅是什麼？

TASEN先生（以下稱「TA」）應該說是受到在公司上班時，養成的合理主義影響很深。舉例來說，我一定會將家電用品的保證書等物品丟掉。那是因為在1年內壞掉的機率不高，重點在於不要留下沒有意義的東西。

KAORI小姐（以下稱「KA」）他有潔癖。我則是因為經營藝廊，必須購買想要舉辦個展的藝術家作品，所以東西就會變多。一旦超過掌控範圍就要開始進行整理。像是感覺拿取碗盤架上的餐盤變得不太方便時，就會想說今天要來整理。

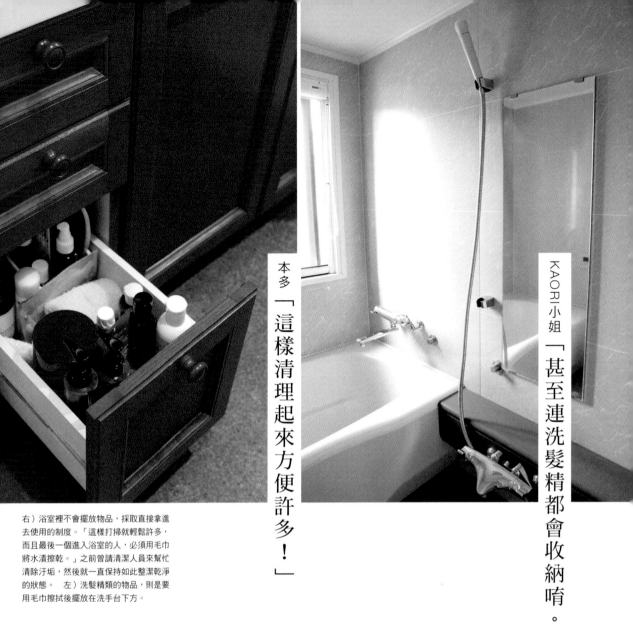

廚房的吊櫃，這是夫妻二人所喜歡的「空間充足感」。不需要多費心思另外找地方收納。

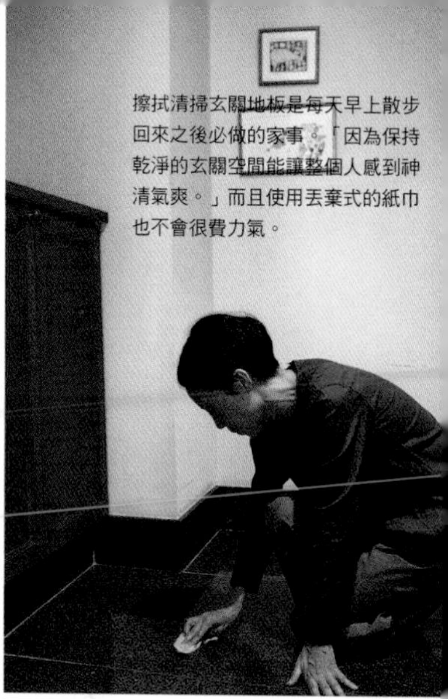
擦拭清掃玄關地板是每天早上散步回來之後必做的家事。「因為保持乾淨的玄關空間能讓整個人感到神清氣爽。」而且使用丟棄式的紙巾也不會很費力氣。

毛巾統一選用洗臉毛巾，相同尺寸在收納上不會產生死角，可以充分利用收納空間。在浴室用來擦拭身體，同時也拿來作為擦腳的腳踏墊使用。

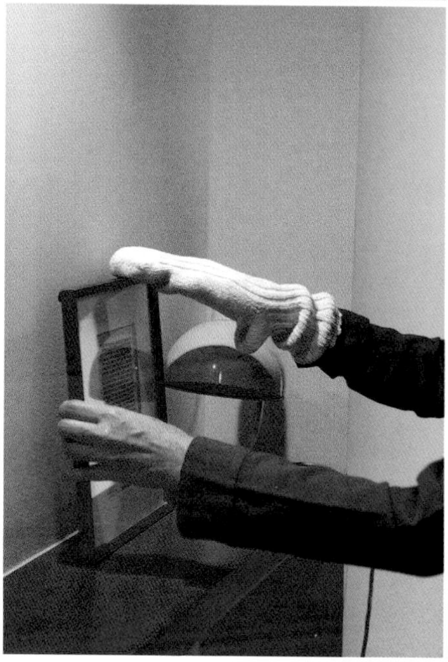
襪子和手帕在放進洗衣機前先拿來擦拭櫥櫃和家具。「因為每天都會清理，所以不會有什麼髒汙，也不需要準備打掃用具。」

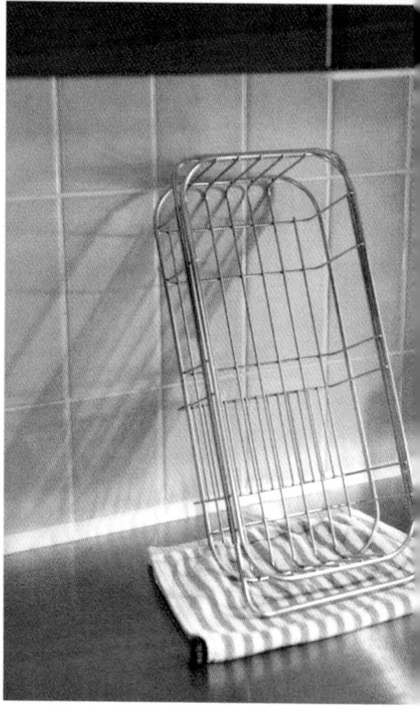
吃飽飯後習慣進行水槽清理工作。會使用以洗衣機清洗過的擦手毛巾吸乾多餘水漬，餐具瀝水籃也要清洗後晾乾。

TA　雖然我們都是藝廊經營者，但卻不愛好蒐集物品。即便已經購買好幾十個喜歡的藝術家創作的容器，但到最後手邊也只會剩下些許的數量。因為我們倆都是屬於那種不會只顧著自己欣賞，而是想要分享的人，所以妻子總是會不斷把東西送給別人。

KA　東西是需要被循環使用的，所以只會將適合擺放在家中的物品留下，這就跟身體排出不必要的東西後，會變得健康的道理相同。所以如果不會用到，那就乾脆把不要的物品，送給那些比自己還需要的人。雖然說接近全新的物品就這樣給人有些可惜，但我認為重要的是藉由這個機會，讓物品串起和其他人的緣分。

以空間與物品數量之間的平衡營造出類似飯店的居住舒適感

本　那麼關於收納的部分有任何講究的地方嗎？

TA　物品要放在適合的地方。像是在對講機下方的抽屜內會準備好要給宅配業者的費用。不需要讓對方等待，可以立即完成付費的這個舉動，不是方便多了嗎？

KA　是以做任何事都能愉快進行作為標準。物品持續堆積的狀態會讓人心情變差，還是看起來有足夠空間會感覺比較舒

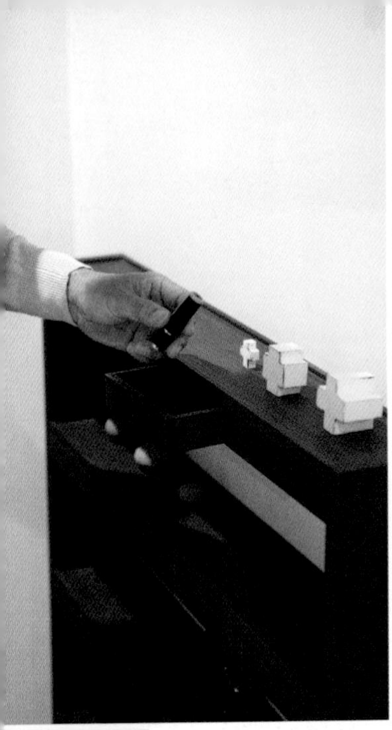

右、上、左）對講機響起後會立即拉開下方抽屜拿出要給的費用，然後到走廊拿印章，接著走到玄關，動線上完全沒有絲毫的多餘動作。而且抽屜內的錢也有分類，基於禮貌不會拿零錢給對方，因為「這是對親自上門的人所表示的敬意」。

TASEN先生

「整理物品時動線的規劃是重要的部分。」

服。像是飯店就給人很舒適的感覺不是嗎？我想要在家中營造出那樣的愉悅氣氛。

TA　整理物品是由我們二人一起進行。只不過我是規劃進行方式的人，妻子則是負責讓外觀保持整潔。換句話說，我是追求生活機能的便利性，而妻子是打造出生活中的美好事物，這樣的搭配風格十分契合。

本　原來如此，看起來整齊乾淨的住家空間，可以說是夫妻二人合作的成果囉！那麼家事的分配方式呢？

TA　煮飯和打掃是妻子的工作，飯後的整理和清潔基本上是由我在負責。

本　是從結婚之後就開始這樣分配的嗎？

TA　不是的，是我離開公司後才開始，已經15年了。

妻子是家事大師，每天都在鍛鍊學習新事物

KA　一開始丈夫在做家事方面真的吃盡苦頭，洗碗的時候水噴的到處都是，整個水槽附近都濕答答的。那時候我倒是沒有跟他說「你還是不要洗碗好了」，而是選擇先跟他道謝說「謝謝你幫忙洗碗」（笑），不過還是反覆嘮叨說「你不需要那麼大力洗碗～」。

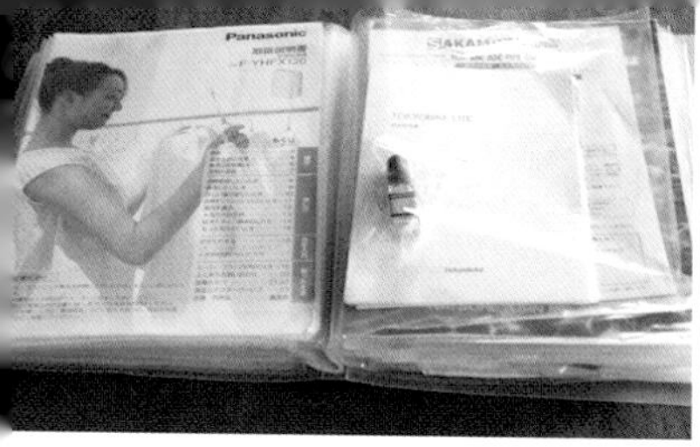

將家電與設備的使用說明書收納至一整本的資料夾內。購買新的物品時要重新整理，只保存最近購買的物品說明書以及附贈物。因為有外國製品，所以依照A、B、C的順序來收納整理。

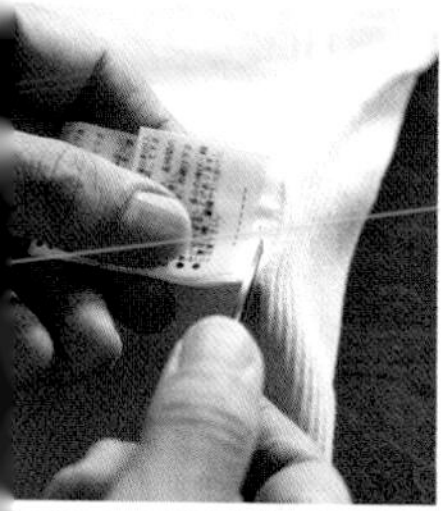

穿著時會感覺刺痛感的衣物標籤，則是基於「廠商的售後服務對我們來說是不必要的資訊」，所以會剪掉。有些重視衣物舒適度的廠商似乎會減少標籤的數量。

本多「出色的家事與收納有所關聯！」

上、左）「換洗衣物的部分會按照收納便利性的順序晾曬」。因為要堆疊成金字塔形再放回衣櫥內，所以會按照大小晾曬再取下，最後堆疊成這個樣子。完成後只需要由上往下按順序放回原位。真的很輕鬆！

從重量較重的碗盤開始清洗，玻璃製品最後才洗。理由是「不能像堆疊將棋遊戲那樣向上疊，而是要想辦法不要讓餐盤因為倒下而破裂」。將碗盤碰觸部分最小化，這樣通風效果會比較好。

TA　多虧了那樣的經驗，所以我現在都會將洗好的碗盤堆疊好，也會將附近都整理乾淨，負責維持設備的整潔工作。妻子則是會在之後焚香，進行玄關的清掃等雜事，就是要想辦法讓居住空間變得更加舒適。我負責第一階段，然後妻子負責第二階段。

本　這真的是很進步的作法！我也想讓我丈夫聽到這番話。

TA　那是因為老師所傳授的方法很受用（笑）。不，應該說是妻子把我形容得太好了。即使男人不懂家事的要領，我反而認為不管幾歲開始都是可以訓練的。原本總是以工作第一的我也能有如此大的改變，本多小姐妳千萬不要中途放棄喔！

本　我會試著努力看看的（笑）。

探索引田家

營造生活氣氛的廚房小物

引田先生所選用的物品全部都兼具美觀與實用性，使用起來樂趣無窮。

TOOL 1 茶壺加熱器

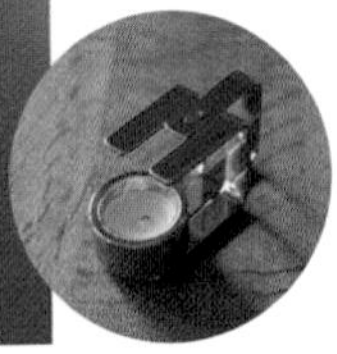

使用蠟燭的茶壺加熱器。不鏽鋼製的支撐腳架十分穩定，就算放上茶壺也不會搖晃。只要將支撐腳架旋轉就能精簡收納。

KAORI小姐

不需要加熱至沸騰，呈現適度保溫狀態就好。擺放在桌上就能營造出氛圍。

能夠直接用火加熱這一點真不錯，看起來也很溫暖！

本多

TOOL 2 瓷碗放置湯杓

Arabia的瓷碗放置湯杓，能夠固定湯杓柄的絕佳外型，兼具機能性與外觀美感的魅力。設有單邊的握把，方便將底部殘留的湯汁倒出。

TASEN先生

解決了不知道該放在哪裡的湯勺問題，拿出來使用外觀上也十分可愛。

擁有可愛的外型，強調實用性且具備多種用途。

TOOL 3 磨刀器

英國的商品設計師所研發出來的磨刀器。凹槽部分有刀刃，只要將菜刀前後滑動就能恢復菜刀的銳利度，是在Margaret Howell的Household goods購入。

優點是可以自己在家輕鬆磨刀，蔬菜切絲的時候會很有快感。

收納時沒有沉重的磨刀石，也可以直接擺放在廚房。

TOOL 4 昆布汁

昆布用水浸泡一晚時間就能製成昆布汁。從昆布的斷面會滲透出味道，但卻不會產生黏稠感。選用天滿大阪昆布的「昆布革命 上方仕立」商品。

煮沸製成昆布汁的方式過於麻煩，使用簡單方法就能做出道地的口味。

方法簡單可以經常作為常備材料放在冰箱內。

TOOL 5 紙巾

可以在美國汽車工廠等處看到的質地強韌紙巾。材質較厚且吸收力佳，主打就算用水洗也不會破掉，也不太會起毛球。為SCOTT公司的商品「強韌紙巾」。

每天早上清理玄關的愛用品。具備等同於一條抹布的功能，使用完後就能丟棄。

第一次看到藍色的紙巾，視覺上也不會產生厭惡感。

TOOL 6 不鏽鋼清潔球

為了清除瓶子內的殘留物，而由紅酒廠商所研發出的商品。將不鏽鋼球和水放入瓶內，搖晃瓶身約2分鐘就能去除汙垢。使用後放入濾篩清洗後晾乾即可。

只要搖晃瓶身就能完全去除髒汙和霧垢！

沒想到還有這麼方便的東西！不但有吸引人的外觀，還能同時興起清掃的慾望。

TOOL 7 吐司烤箱

由Dans Dix ans麵包店協助開發的BALMUDA吐司烤箱。設有蒸烤與溫度控制功能，能夠烤出外酥內軟的吐司。外觀設計也十分典雅。

類似《魔女宅急便》中出現的麵包烤窯，只不過玻璃窗比較小。

左右對稱的絕美設計，不管是什麼種類的麵包都能提升美味程度！

家事規律化的住家

森島良子小姐

DATA
4人家庭（丈夫36歲，自由業，妻子37歲，上班族，長子9歲，次子6歲），住家為獨棟住宅（約100m²，四房兩廳一廚）。

和小孩約定好客廳的玩具要在睡前放回小孩房。早上的客廳空間因為空曠所以能清楚看見地板汙垢，能立刻打開吸塵器開始清掃。

「只要有常備菜，就算是忙碌的早上也能做出美味的親子便當。」

在週末一次做好的常備菜就是森島小姐和長子的學生便當，菜色包括有乾燥食物、根莖類蔬菜、五顏六色的蔬菜……。做出規律的便當菜色，不管是在決定食譜或是採買食材時都不會感到猶豫。

家事效率化能讓沒有時間的人輕鬆做家事

森島小姐是在次世代能源研究機關擔任研究支援人員，而她之所以能夠在有限時間內有效率地完成家事，祕訣就在於家事的規律化方式。

「包括打掃、煮飯、家電用品的保養清理……等，這些項目都已經有固定的作法，而且會利用手機的行事曆來作管理。之後就只要按照計畫進行，真的很輕鬆！」。因為領悟到只要重複相同的動作，就不必每次都要動腦筋思考，立刻就能開始行動，所以做家事就不會覺得辛苦。而且關於這個部分，對方還表示有件曾經發生過的趣事——她甚至還向不擅常做家事的丈夫指導說：「這就跟上廁所後一定會記得沖水一樣」，

而這個道理對我家的丈夫似乎也能發揮效用。

森島小姐認為：「將家事規律化，能夠在做同一件家事時，產生想要做出自己滿意成果的慾望。所以說這個方式，讓即使沒有時間做家事的人，也能打造出使家人感到舒適的生活型態。對我來說，這是最棒的方法。」

保持整潔的打掃規律

森島小姐是不會進行大掃除的人，而是選擇列出每次使用後、每週1次，以及每個月1次的規律家事內容。

每次使用後

吐司烤箱、微波爐的玻璃窗

吐司烤箱、微波爐的玻璃窗部分會在使用後還呈現溫暖狀態時，以濕抹布仔細擦拭。另一個訣竅是，擺放在容易擦拭清潔的高度位置。

廚餘垃圾桶

森島小姐居住的城鎮是在晚上收垃圾。倒完每週2次的廚餘垃圾後，還會使用酒精噴霧＋廚房餐巾紙擦拭垃圾桶，然後打開蓋子放置到早上。

廁所

每次使用後會使用噴灑式的洗潔劑清洗。「如果是4人家庭，差不多是使用4次後清潔1次的比例，應該不算頻繁吧？」。清潔劑是選用可以直接擺放在外面的「Murchison-Hume」商品。

洗手台

早上在等待水變熱時，會使用洗手乳用手清洗。因為直接以手接觸能感受到哪裡有汙垢。接著，則是會在每次使用後以毛巾擦拭殘留水滴。

【每天的清潔工作】

外出前的稍微整理，聽說森島小姐的母親以前也會這樣做。

椅子恢復至原位

「飯廳的椅子很容易看出急忙出門的樣子。」椅子應該靠近桌子擺放，光是這個簡單的動作，就能營造出家中適當的緊張感。

沙發保持整潔

出門前一定要將沙發的皺褶攤平，只要花幾秒的時間，就能減輕回家後的「失落感」，產生極大的效果。

每週1次

樓梯踏板

「原以為樓梯不會有死角，沒想到灰塵意外地容易堆積。」用沾水的抹布以四個角落為中心仔細擦拭。腳下保持清潔會讓情緒變得輕鬆許多。

冰箱上方

站在椅子上，清理抽油煙機時，同時也可以擦拭清理冰箱上方。因為是容易忽略的地方，而且又會有靜電導致灰塵堆積，只要稍微擦拭，抹布就會變得很髒。

冰箱內

因為會在每個星期一，一次購足食物，所以一早就會清空冰箱。一手拿著酒精噴霧，一邊擦拭冰箱內部。訣竅是稍微將內部物品移到旁邊。

玄關大門

抹布弄濕後擦拭有沙塵汙垢的對講機和大門。經常會出入的場所很容易忽略掉清掃工作，務必要列入規律的家事清單當中。

每月1次

衣物箱內部

每個月進行1次的家事，包括有固定事項和季節事項，這裡指的是後者。9月底左右將春夏衣物更換為秋冬衣物的時候，會擦拭衣物箱內部。清理時，使用酒精噴霧＋廚房餐巾紙。

空氣清淨機的濾網

每個月的月底會固定清理的是空氣清淨機、空調和吸塵器的濾網，空氣清淨機只要用吸塵器清理即可，就算是看不到的地方也要保持清潔，令人感到心情舒暢。

構思週末到下週的菜單，然後在星期天一口氣做出大量料理。但是一次要準備一天三餐有點困難，所以只準備了早餐、便當和晚餐的配菜。如此一來，就算是忙碌的平日也能端出不同的餐點菜色。

端出美味料理的規律作法

將料理在週末一次做好，平日就會輕鬆許多。「料理銀行」對於我以及家人來說是相當熟悉的作法。

5天分量的常備菜

主菜會在當天依照心情決定

主菜的肉類和魚類會先做好事前處理，然後冷凍保存。接著依照當天的心情和身體狀況來思考菜單，因為已經準備了配菜，所以只需要些許的烹調時間，能有效減輕負擔。

1ℓ的優格

這也是製作夫妻二人的5天分量。只要在優格機倒入乳酸菌（LG21）和牛奶再讓其進行發酵即可。TANICA電器的產品能自由設定發酵溫度，以偏好的菌種自己製作。

1kg的麵包

夫妻的早餐，是利用麵包機製作的土司，會在週末就先做好5天的分量。Twinbird的製麵包機火力全開，利用星期六日各做出500g的土司，然後切片放入冷凍庫保存。早上加熱即可食用。

丈夫規律執行家事 讓我感到輕鬆許多

森島家的一家之主相當積極參與家事的進行，決定各自負責的工作內容，彼此分工合作。

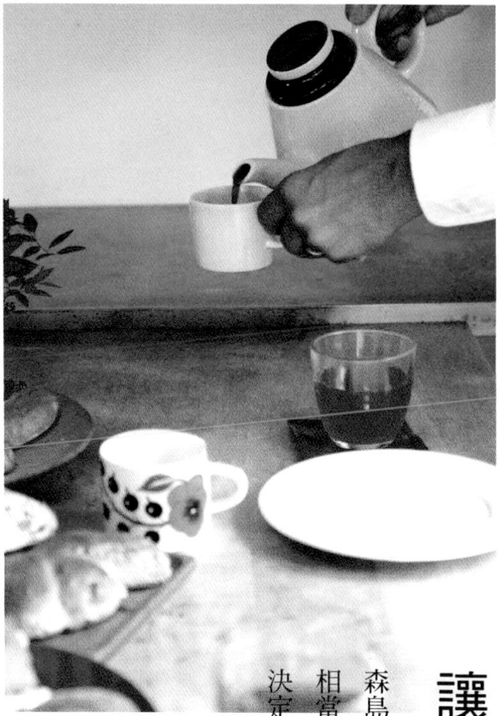

早餐的咖啡

夫妻倆在早上喝的咖啡不知從何時開始就由丈夫負責沖泡，就像是按下一天的幹勁開關：「好！今天也要努力加油！」

寢具的清潔

由於小孩有過敏症狀，所以在摺棉被前會先用吸塵器清掃。為了不要讓丈夫因為來回拿取而感覺麻煩，所以吸塵器就放置在棉被旁。

床鋪整理

在2樓晾好換洗衣物後，接著來到臥室整理床鋪。以膠帶黏取汙垢，並攤平皺褶。這幾個動作，都會影響到睡眠的舒適度。

小孩的上學準備

準備好要讓小孩帶去學校的茶水以及要吃的早餐。包括照顧小孩的家事在內，夫妻二人的家事分擔為5比5。同時，也會教導小孩培養家事能力的重要性。

晾曬換洗衣物

森島小姐負責在早上打開洗衣機。等到洗衣完成後，這次輪到丈夫晾衣物。這時候森島小姐則是在使用吸塵器清理客廳地板。忙碌的早上採取合作制度完成家事。

早上的時間分配

6:15 起床、住家空間的通風作業、花瓶換水、摺疊換洗衣物（如果有洗衣服）

6:30 洗衣服、做便當和早餐的配菜、起床

6:40 叫小孩起床、準備麵包、白飯、咖啡、上幼稚園及學校的準備（水壺等）

6:50 早餐

7:20 送長子出門、吃完早餐後的整理、以吸塵器清理小孩的棉被

7:30 臥室的床鋪整理、晾換洗衣物

7:40 無線吸塵器快速進行地板清潔工作

7:50 整理儀容

8:10 出門上班、送次子去幼稚園

※灰色文字為丈夫行程

家事對我來說

「每天的重新設定作業，能夠打造生活的基礎。一下子就能完成，讓家人和夫妻都能夠享有屬於自己的寶貴時間。」

妥善分配夫妻家務的住家

野村光吾先生、千明小姐

DATA

2人家庭（丈夫32歲，上班族，妻子33歲，上班族），住家為重新翻修的公寓（約70m²，一房兩廳一廚）。

廚房內有不鏽鋼製店家專用的氣派水槽，容易堆積雜物的廚房吧台，則是在下方設有收納空間，為清掃工作的一環。電鍋也是擺放在此處。

「接受彼此擅長的部分，不要有壓力反而覺得輕鬆。」

充滿綠意讓人心情愉悅的陽台空間。換洗衣物會按照收納場所的不同分開晾曬，然後再各別放回原位。P89會介紹千明小姐講究的浴室毛巾晾曬方式。

各自有喜歡的事物，遵守不要出手干預的原則

最近野村夫婦的公寓剛進行完翻修工程，由對設計有興趣的丈夫所規劃出的住家空間，可以說是「容易做家事的住宅」，採用直線配置的廚房與衣櫥空間在使用上十分便利！家事的部分則是暗藏著「彼此負責擅長部分」的默契，很會做菜的光吾先生負責煮飯，至於愛好整潔的千明小姐則是負責吃飽飯後的整理和衣物的清洗工作。

「因為彼此喜歡的事物不會重疊，就像是各自按照自己的步調去完成那樣。而且彼此講究的部分也不會造成對方的困擾，所以二人不需要有互動（笑）。」

以前曾經想過說「如果夫妻二人擅長與不擅長的部分剛好相反，這樣是不是比較能夠有互補作用？」，沒想到野村夫妻就實現了這樣的關係。二人在做家事這方面展現出尊重對方想法的態度，這真的是理想中的夫妻畫面。

以順序為優先的廚房空間

一整列的配置方式
與眼前的收納空間，
就算沒時間也能快速做出料理的廚房設計。

烹飪動作為單向通行

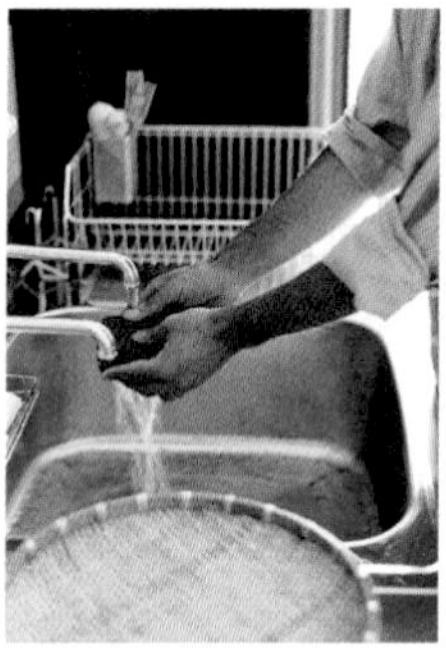

按照烹調順序分配一整排的冰箱、水槽、料理台、瓦斯爐的位置，讓拿取食材→清洗→切菜→開火的作業能夠順暢進行。「一口氣完成整個流程，不需要來回走動，感覺輕鬆許多。」

發現外觀吸睛的
義大利麵收納盒！

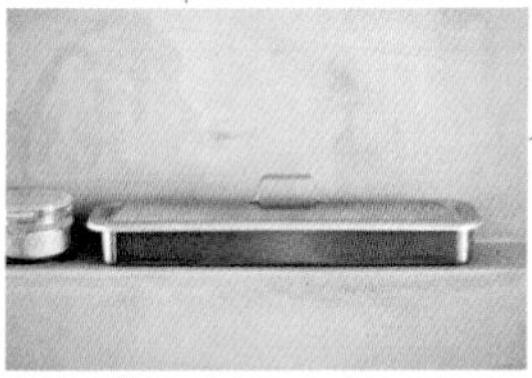

這是在醫療現場所使用的附蓋子的紗布收納盒。沉穩的銀製材料，其外觀與貼有磁磚的牆面十分搭配，用來放置義大利麵。

主要工具就在眼前

右）廚房用具是採用直接擺放在瓦斯爐旁邊的收納方式。有時熱油會飛濺出來，但因為經常使用而清洗頻率高，所以不是很在意。相反地，不常使用的用具則是會放置在遠處。　左）調味料放在瓦斯爐的前方，方便使用，料理台不會變成擺放物品的場所。

能將碗盤與換洗衣物輕鬆放回原位的作業流程

不在意形式，選擇自己覺得沒有負擔的方法。繁複的最後收尾動作是為了下一次使用的方便性，想辦法以恢復原狀為目標。

以堆積方式晾乾，不需要擦拭

碗盤與鍋子基本上採用自然晾乾方式，所以廚房內沒有抹布和紙巾。「因此培養出了能夠讓碗盤加速晾乾的擺放能力！」

利用燒開水的時間打掃

晚餐後清洗的碗盤，會利用隔天早上煮水時間擺放回原位，由於碗盤櫃就在碗盤架的對面，所以不需要移動就能完成收納。

選對材質就能省略整燙步驟

「一直在尋找哪種衣物材質出現皺褶也不會很明顯，或是不會有皺褶的材質。」這樣就不必整燙衣物，所以在挑衣服會特別認真。

取下衣物後放回原位收納

右、左）從陽台將晾曬衣物連同曬衣夾拿回收納場所，然後再從曬衣夾上取下。因為不會在客廳進行，所以沙發上不會出現衣物堆積成山的畫面⋯⋯。準備2個曬衣夾分別放置在衣櫥和盥洗室內。晾衣物時會按照收納場所劃分。

收納以手段決勝負

野村先生十分擅長DIY，
住家的收納也是展現自我風格的客製化設計，
思考如何提升使用方便程度。

方便使用的抽屜

親手製作的吧台桌兼碗盤收納空間。桌面下方裝有倒匸字的軌道，並插入鋁製托盤作為抽屜。抽屜裡擺放千明小姐早餐不可或缺的香鬆。因為只需要在吧台桌上準備早餐，拿取物品十分迅速。

利用籃子分類

有深度且外觀可愛的籃子是優秀的收納用具。放置在餐車台上，分類收納常溫保存的蔬果、餅乾糖果、乾麵。如果不喜歡這樣的使用方式，也可以作為其他用途使用。

吊掛方式節省空間

在餐車台吊掛S字的掛鉤，用來放置不常使用的烹飪用具。因為是一個掛鉤吊掛一個物品，所以方便拿取。環保袋內則是擺放了塑膠袋。

洗手台下方設有倒匸字的2層櫃，上面擺放保養品，下方是放置寵物用品。2層式的儲物櫃分別擺放了丈夫和妻子的物品，各自負責管理。

克服高度

櫥櫃放入收納盒作為換衣間內衣褲擺放處。不但能充分利用較高空間，因為是拉取式使用，內部不會有多餘的浪費空間。這裡擺放了夫妻的內衣褲、襪子和手帕。

鋪設隔板

洗衣機上方的洗劑擺放處。在瓶瓶罐罐下方鋪設玻璃隔板，避免液體外流。比起擦拭清潔櫥櫃，直接清潔隔板比較省力。

打造乾淨舒適生活環境的2人規定

每個人對於「感覺舒服」的基準都有所不同，
還是要在不會感到壓力的情況下設定寬鬆的規定。

通勤包擺放在固定位置

走進野村家的玄關，右側是客飯廳和廚房，左側是臥室空間。回家後會往左手邊前進，然後在入口附近將通勤包物歸原位。只要多了這個動作，就能夠解決通勤包隨意放置的問題。

放鬆的休憩空間不要擺放家具

因為想要在飯廳度過愉快且放鬆的用餐時間，所以刻意不擺放家具。奇妙的是沒有了可以讓物品堆積的場所，就不會莫名蒐集一堆物品。

「回家之後」處裡DM

在從玄關前往客飯廳和廚房的途中，將不要的DM和傳單丟到垃圾桶。因為不會將這類物品帶進家中更裡面的地方，可以避免「隨手一放」的情況發生。

床鋪的髒汙要立即處理

家中的床單和濕紙巾為分散各處收納。因為方便拿取，所以就算有突發事件也能夠立即應對。照片為臥室內的衣櫥。

早上的時間分配

7:00 起床
7:10 和寵物狗玩耍
7:15 洗澡
7:30 起床、和寵物狗玩耍
7:40 整理儀容、準備早餐、洗澡
7:55 準備寵物狗和鸚鵡的食物
8:00 倒垃圾
8:10 吃早餐（只有妻子）、化妝、整理儀容
8:30 上班

※灰色文字為丈夫行程

家事對我來說

「照顧和清洗家中的寵物。因為很難一直保持努力的狀態，所以自然會去尋找不會感覺緊繃的家事方法。」

家事對我來說

「負責煮飯。因為是自己喜歡的地方，會很想一直待在那裡。所以我很注重生活空間的規劃。」

将碗盤放置在推車上晾乾，然後小心地將其移動至碗盤櫃前。「我很不喜歡一直走來走去，一旦按下按鈕就會一次將所有物品都整理收納完畢。」

充滿家事巧思的住家

田中由美子小姐

DATA
3人家庭（丈夫40歲，上班族，妻38歲，空間整理收納師，長子3歲），住家為重新翻修過的分租公寓（約100 m²，四房兩廳一廚）

「因為不想做家事，所以就規劃了能產生動力的巧思。」

因為要在水槽的牆面上擺放平板電腦，所以設置了牆面棚架。可以看著畫面讓手部機械式動作，一下子就能洗好碗盤。

早上的廚房家務採取以時間決勝負的方式進行。設定計時器，挑戰自己「10分鐘內可以整理到怎樣的程度！？」。

大開眼界的創意 激起做家事的衝勁

「做家事真的很辛苦！各位都是怎麼克服的呢？」田中小姐一開口就這麼說。她表示最近剛取得空間整理收納師的資格，並開始從事相關活動。

其中最討厭的就是「一天必須做好幾次的家務」，就是洗碗這件事。所以才會想到要在水槽前放置平板電腦，一邊看著連續劇一邊清洗碗盤。「採取將注意力放在喜歡的事物上，然後趁機一口氣完成的作戰方式。」其他還有像是開心玩遊戲那樣的打掃模式等，想出了許多新奇的方法。

因為不喜歡做家務，所以要產生衝勁真的不是一件簡單的事。田中小姐深知這樣的道理，所以才會陸續想出能幫助自己轉移注意力，且迅速完成家務的方法。能夠強烈感受到田中小姐所要傳達的「做家事由自己來決定，是相當自由的一件事」的想法。

打掃是一場「擦拭效率爭奪賽！」

田中小姐不喜歡每天固定的家事工作。於是她決定以「喜歡上戰勝自己的成就感」為目標，將打掃視為遊戲而樂在其中。

1條抹布

上）將洗好的衣物拿到陽台的同時還會帶著1條抹布。拿抹布依序擦拭曬衣桿→扶手→空調室外機→落地窗，三兩下就完成了陽台的清掃工作。帶著愉悅的心情來晾曬衣服。　左）抹布放置在洗衣機的旁邊。因為一旁就有洗手台，清洗抹布也十分方便。

1張濕紙巾

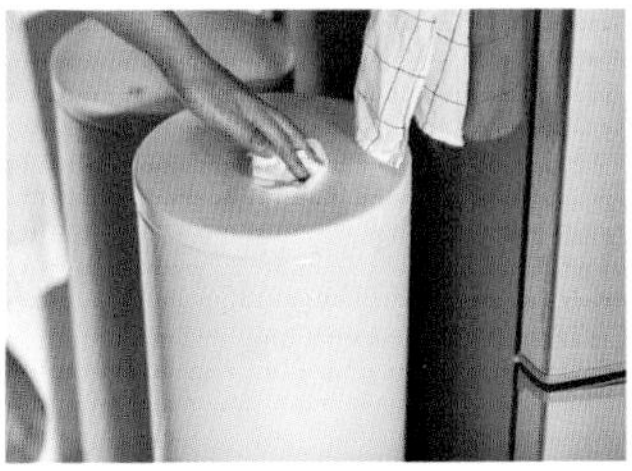

「使用過後的濕紙巾應該會拿去丟到垃圾桶吧？我會在途中將看到的物品全部都用濕紙巾擦拭一遍。」擦拭順序為桌子→碗盤櫃→垃圾桶蓋子→垃圾桶踏板，打開垃圾桶蓋子也會將內部擦過一遍，最後將濕紙巾丟棄，結束這一輪的清理工作。

不擅長的家務仰賴工具幫忙

清洗碗盤以及將碗盤歸位都很麻煩，所以想辦法能夠一次完成。以下介紹幾個可以一次將所有物品移動的工具。

收拾好的碗盤都放置在托盤上

即使碗盤數量不多還是會擺放在托盤上，接著再拿去水槽。將形狀相似的碗盤像拼圖那樣緊密堆疊在一起。想像是在進行「是否能夠一次將碗盤收拾完畢的比賽」。

使用完畢的碗盤都放在餐車上

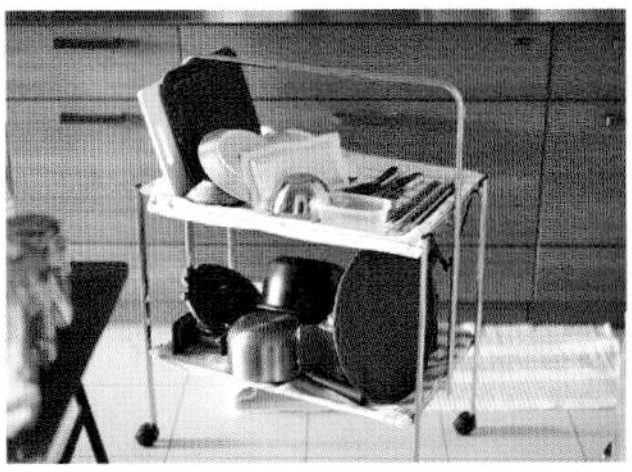

廚房內不可或缺的就是有輪子的餐車。將餐具瀝水籃內的碗盤移動至餐車上，等到碗盤都晾乾後，再將餐車推回碗盤櫃前，接著將碗盤放回原位。

清洗後摺好的衣物放在籃子裡

將洗好的衣物放回衣櫥的步驟，要注意許多細節，除了房間路途較遠，其中還有室內外溫差的問題存在。所以只要「將衣物放在籃子裡再拿回房間，即便放置一段時間，也不會產生『隨手亂放』的不好感受」。

製作保存料理「讓週末不需要做家事」

因為不太會做菜，所以決定一次做好大量料理，這樣也不會造成心理壓力。只要平日稍微努力一些，週末就能發表「不做菜」的宣言。

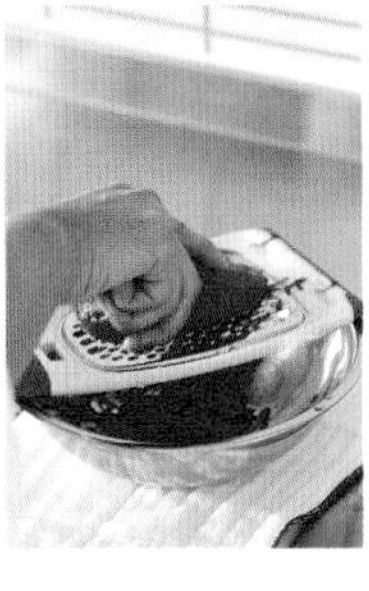

上）只要準備好常備菜就不必花時間做出多道料理。早上不必慌張做便當，沒有配菜時也能作為「補足菜色」來使用。在一週開始與週末前先做好，週末六日就能好好休息。　右）使用刨絲器就能輕鬆完成的，田中小姐拿手菜色紅蘿蔔沙拉。

丈夫能輕鬆給予援助的巧思

田中小姐的丈夫是個受到妻子請託就會願意幫忙的人，
就因為如此才更想要瞭解到底是如何創造出家事的雙贏局面。

有需要幫忙時要按照固定模式

「這邊我來做，你就負責那個。」要拜託丈夫做家事時，當然我也有要接受做其他家事的心理準備。按照個人所擅長的項目作為分配模式，會經過審慎思考。

早餐的準備就交給系統式收納

做早餐是丈夫的職責，將所需要的物品都擺放在托盤上，就不必一個一個去拿取。左邊是咖啡湯匙和砂糖，右邊則是奶油和長子的果汁。

不會插手對方擅長的管線整理

丈夫對於物品的收納很細心，所以我完全不會插手媒體機器的線路處理方式，而是都交由對方來負責。而丈夫也經常不經意地展現出讓物品保持「外觀整齊俐落」的能力。

衝勁十足的出門前打掃

丈夫很喜歡帶著家人出遊，要是他開口邀約說「我們出去走走」，我就會接著說出「那麼大家就先來打掃」的提議。以這種方式展開充滿活力的清掃工作。

拍下明細表的照片，然後上傳至收支紀錄的APP－「Dr.Wallet」。拍完照就會將明細表丟棄，所以皮夾能保持纖細狀態。家中的收支管理都是由夫妻一起負責。

系統式處理DM避免遺落各處

回到家之後首先會前往衣櫥的位置，所以在旁便擺放垃圾桶和須使用碎紙機的DM所擺放的盒子。將DM和傳單上的收件人姓名撕掉，然後放進盒子裡，其他的部分則是直接丟到垃圾桶內。

小孩以及家事區的收納櫃。玩具統一放置在小孩能夠碰觸到的下面二層空間，其他部分則是擺放工作資料與家電使用說明書等物品。窗簾後方為放置洗衣道具的區域。

幼稚園物品集中收納

將隔天要穿的體育服和襪子都放在箱子裡，早上穿衣服就由小孩自己負責。而且要將體育服放入洗衣機前也要自己將名牌取下。

背包以吊掛方式收納

不論放在哪裡都很佔空間的背包，可以使用掛鉤吊掛方式方便歸位。如果是吊掛在可以用手輕易碰觸到的高度，那麼背包內的物品就不必取出。

玩具不能亂丟

以扣鎖式資料盒來收納木板等玩具，即便呈現直立狀態，內部的零件也不會四散，可以直接擺放在書架上。而且是全開式設計，方便小孩使用。

換洗衣物的「跳躍抓取」遊戲

我只要說出「現在開始跳躍抓取遊戲！」，小孩就會跳起來拿換洗衣物，然後放到籃子裡。只要發出聲音，就能達到同時完成家事動作的效果。

讓小孩也想做家事的規劃

如果小孩能夠盡量自己完成能力範圍所及的家事，媽媽就省事多了。所以一開始的家事內容規劃就顯得十分重要。

早上的時間分配

6:50 起床

7:00 起床、便當和早餐的準備、洗衣服、植物澆水

7:20 叫小孩起床

7:30 吃早餐

7:50 便當菜色裝盒

8:15 整理儀容（小孩、自己）

8:50 吃完早餐後整理收拾、晾洗好的衣物

9:15 送小孩出門

9:30 （有需要的話）洗衣服、打掃房間和浴缸

※灰色文字為丈夫行程

家事對我來說

「過著規律生活的環境整理。因為不是很喜歡做家事，所以很擅長規劃家事的『巧思細節』。」

生活道具分享 第1彈
洗衣用具

道具的選擇方式之一，能夠有效縮減洗衣服的步驟。以下分別就曬衣夾、衣架、洗衣籃等洗衣道具來作介紹。

讓T恤的領子不會變形的衣架

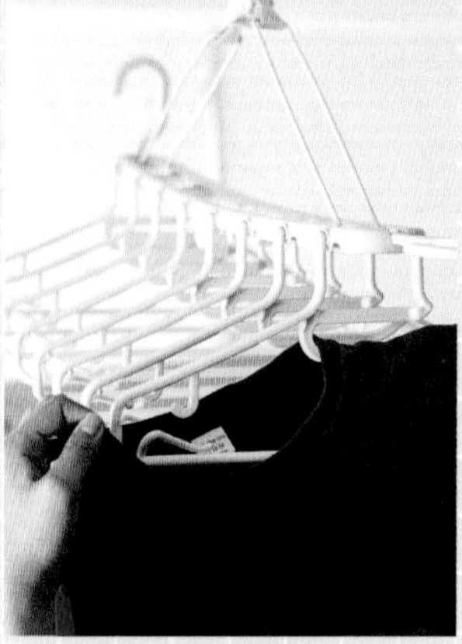

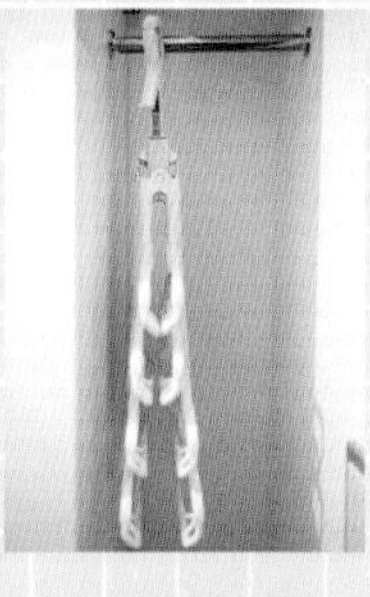

左）衣架的頸部位置有凹洞，可以和T恤的領子深處部位密合。因為不需要用力就能放進衣服內，所以領子部位不會變形。右）折疊式的精巧收納設計，於住家附近的賣場購入。（野村光吾先生、千明小姐）

寬敞的開口可順利接住換洗衣物

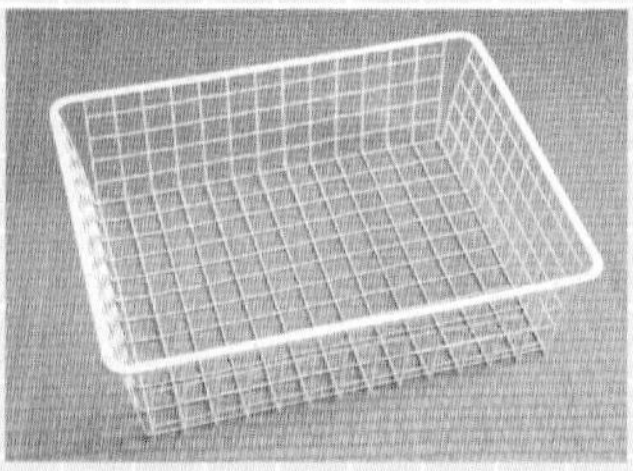

「剛好是可以擺放在方形曬衣夾下方的大小，可以接住從曬衣桿掉落的衣物」。多用途的鐵製籃子為IKEA的「ALGOT」系列商品。（本多SAORI）

可作為裝飾品的室內曬衣架

右）MARKS&WEB的室內曬衣架，很適合用來晾需要稍微風乾的腳踏墊等物品，而且外觀線條簡單，不會破壞房間的氣氛。（田中由美子小姐）左）店鋪經常使用的鐵製衣架車道具，附有輪子方便移動，最適合放在窗邊曬棉被。（藍子小姐）

大容量卻不佔空間

上、左）外型獨特的洗衣籃。之所以設計為流線型是有原因的，邊緣有包覆鋼絲，能夠扭轉折疊壓扁成輕薄狀。之前從IKEA購入。（野村光吾先生、千明小姐）

用於煮沸清潔和泡腳用的琺瑯盆

煮沸清潔抹布時會使用野田琺瑯的水盆。「內部寬敞且容量大，擺放在櫥櫃上的外觀也很吸引人，所以相當喜歡。」冬天還可以用來泡腳。（森島良子小姐）

剛剛好的收納尺寸

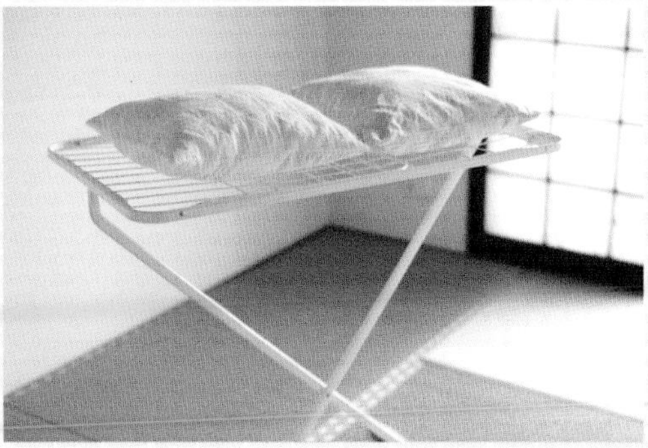

上、左）剛好能夠放置2個枕頭的站立式曬衣架。將左右兩翼再拉開，則是有較小間距的鐵架可用來吊掛毛巾。為IKEA的「MULIG」系列商品。（田中由美子小姐）

沒有夾痕的曬衣夾

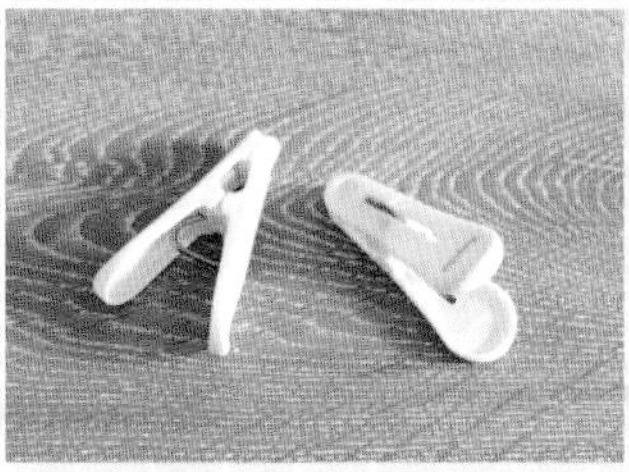

印有藍色商標的可愛曬衣夾是Freddy Leck的商品。不會在衣物留下夾痕，方便使用手指開合。（野村光吾先生、千明小姐）

相當耐用的棉被曬衣夾

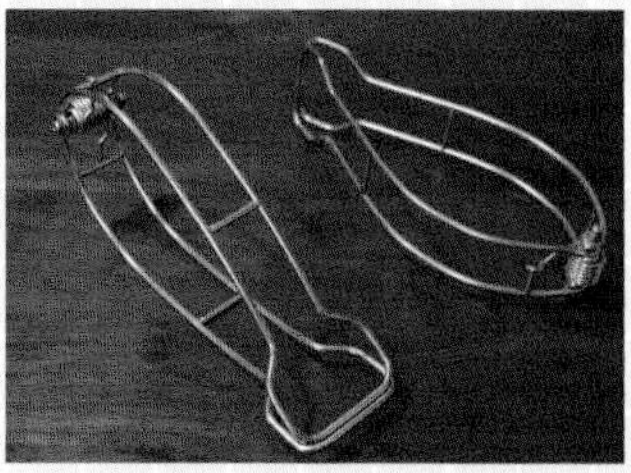

「我喜歡沒有多餘線條的俐落設計。」由於是不鏽鋼製，長時間曝曬在陽光底下也不會生鏽，耐用度十足。為大木製作所的商品。（藍子小姐）

番外篇

請教生活達人！

使用的毛巾，都是用哪個品牌的呢？

A）野村夫妻有個別的愛好，光吾先生偏好使用有機棉製成的「HIPPOPOTAMUS」，千明小姐則是使用紗布材質的「觸感輕柔紗布」（丸山towel）。（野村光吾先生、千明小姐） B）多年來都愛用很快就風乾的麻布毛巾，現在使用的是在網路上以1000日幣標售的商品。（藍子小姐） C）每半年會購買NITORI的毛巾來更換，觸感良好1整年都持續使用。（森島良子小姐） D）挑選重點在於顏色、材質、價格三者取得平衡的商品，會定期從專門販售毛巾的網路商店－Tuche總店購買。（田中AKI小姐） E）Hotman的「1秒毛巾」能夠「在洗完臉後完全吸收臉上所殘留的所有水滴」。（本多SAORI） F）田中小姐所使用的是從專門販售毛巾的網路商店－Tuche總店購買的毛巾，「喜歡的理由是質地輕薄很快就能風乾」。但是並非使用一般的浴巾，而是運動毛巾尺寸的毛巾。（田中由美子小姐） G）質地強韌也不會過於蓬鬆的SCOPE的「house towel VOL.1」，以及持久性佳的飯店風格白色毛巾，會按照不同用途來劃分。（永野美彌子小姐）

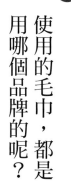

家事簡單化的住家

田中AKI小姐

DATA
3人家庭（丈夫39歲，自營業，妻子37歲，上班族，長子3歲），住家為分租公寓（約50 m²，一房兩廳一廚）。

不會感覺狹窄的整齊俐落住家空間，小孩的玩具等物品放置在左側兼具收納功能的桌子裡。地板的清掃則是仰賴打掃機器人來進行。

「不偷懶的放手態度，即便是完美主義也能找到輕鬆完成的方法。」

不需要製作醬汁，只要撒上少許鹽和橄欖油調味。找出簡化步驟的方法，做料理就不會是難事。

決定家事的優先順序，捨棄「多餘步驟」

田中小姐一天的家事時間居然只有2小時！因為她本身是全職的上班族，所以平日並沒有多餘的時間，然而她卻能將家中打理得如此乾淨，真的是讓人難以想像。「我會想到這個步驟要花3分鐘時間，那一整天就要花費1個小時，腦中經常這樣在計算著。」

為了要有效率地使用時間，除了用來做家事，還要活用空檔時間，再加上使用便利工具與尋求外部的幫忙。不過還存在著另一個選擇，那就是「省略不做」。

「像是做料理與收納整理等家事，為了維持家人的健康，以及打造舒適的住家空間，這些都是只有我能做的事，所以會優先來進行。至於整燙衣物和清洗碗盤就交由他人或機器來處理，反而會獲得更好的成果。所以才會說我幾乎不需要做家事。」

因為是完美主義者，時常會太投入於某件事物，所以就算無法放棄某些事，但仍要懂得適度放手。不過我倒是很想向能夠堅持完成所有家事的人學習家事技巧。

不必堅持一定要親手完成

要以「只有我能做」的家事為優先，如果能夠以輔助工具和設備完成的部分就要懂得放手。

不必出門

物品的購買主要是善用網購的方式。先決定1週的菜單，以每週1次的頻率上網訂購。避免外出、挑選的過程，也節省了許多時間。除非有需要補足的物品才會特地外出採買。

仰賴機器進行

因為「比自己手洗的還要乾淨」，所以經常會使用洗碗機。即便是少量碗盤也會使用，不會讓水槽殘留汙垢。碗盤是以瓷器為主，筷子則是選用可以放進洗碗機的材質。注意到這些細節，就是能夠讓家事效率提升的祕訣。

不必測量

1天要使用好幾次的洗碗機清潔劑則是選用錠劑形式。不需要每次都使用量匙來測量用量，只要直接放進去相當省力。而且也不必擔心會出現液體溢出或是弄髒手的可能。

不需摺疊

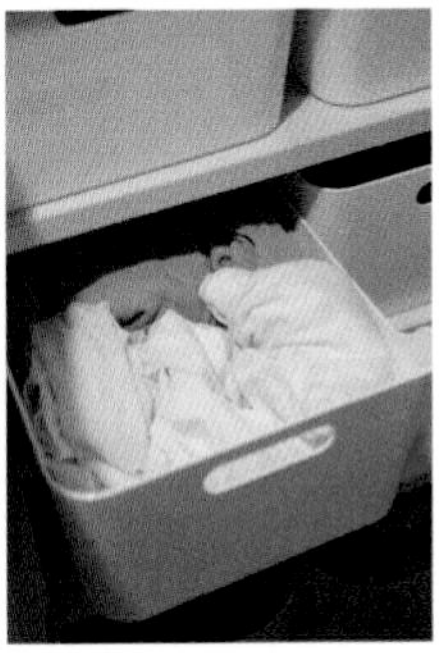

不容易變皺的化學纖維內衣褲不需要摺疊，只要擺放在盒子內。不用花時間摺疊，平時也看不到內部的收納方式，讓盥洗室照樣能保持整潔。自從採用了這個方式，丈夫自己也學會了洗衣、收納的步驟了。

不要製造瑣事

清楚劃分臥室是睡覺的場所，所以能夠放的只有床鋪。看書等活動要在客廳內進行，只帶著手機進入臥室。臥室內沒有邊桌和照明設備，在打掃時就輕鬆許多。

直接暴露在外

將清潔浴缸用的用具吊掛在毛巾架上，養成洗澡後打掃的習慣。統一使用白色系物品，外觀看起來整齊俐落，根本不會知道那是掃除用具。並以快速風乾的刷背巾代替海綿使用。

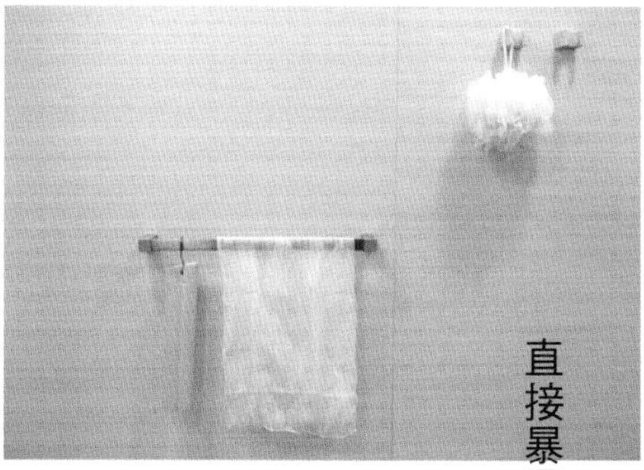

不需移動

要將研磨缽裡磨碎的芝麻移動至另一個碗盤上是件麻煩事。「少見的白色研磨缽看起來很有氣氛，可用來代替小碗使用。」在磨好芝麻的研磨缽放入水煮青菜，再稍微攪拌一下即可端上桌。

精心挑選物品，就不必費心管理

收納、清潔保養、備用品的管理……，如果減少所需物品的數量，就能有效減輕這些家事過程。以下是由田中小姐所介紹的物品挑選祕訣。

3種類型的家用清潔劑

酸性的汙垢使用鈉倍半，鹼性的汙垢使用檸檬酸，發霉和黃斑則是使用過碳酸鈉漂白劑。不需要因為場所不同而個別準備，所以一點都不麻煩。有噴嘴的是稀釋液。

收納盒尺寸的選擇

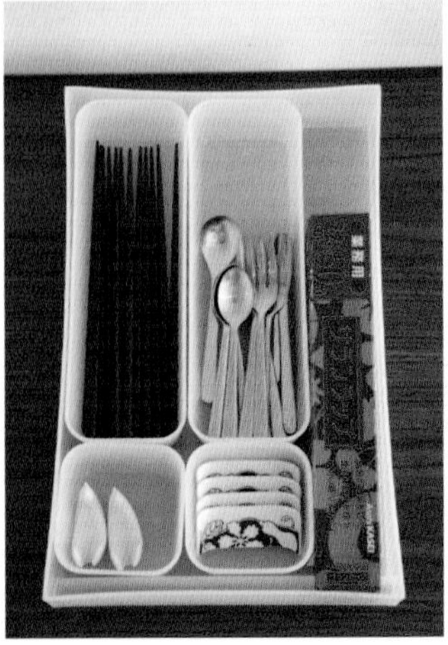

「少買一些30cm的收納盒，好像也不會造成任何困擾。」仔細想想餐具大多為20cm左右的長度，所以該怎麼選擇呢？答案應該呼之欲出。

飾品只會穿戴在身上

穿戴在身上的飾品為丈夫給的禮物或是自己買的慰勞品，所以十分珍貴。平常除了穿戴在身上就是擺放在視線範圍內區域，並沒有特定的收納場所。

6雙鞋子

工作時主要穿著黑色鞋和米色鞋。除此之外還備有4雙鞋，分別是2雙黑色高跟鞋、1雙深藍色鞋以及1雙粉膚色鞋。平底鞋和運動鞋為假日外出和去公園時會穿著。

小孩的服裝以6套為基準

計算好小孩衣物的必要數量。由於一天需要更換的件數為3件，兩天會洗1次衣服，因此訂為上下共6套衣物為基準。在有明確理由的狀況下就不會購買太多的衣物。

6箱的玩具數量

玩具數量為櫥櫃3層的容量，如果買新的就會淘汰舊的玩具。大型的玩具則是擺放在衣櫥內。箱子上的標籤為使用圖庫製作的貼紙索引。

利用空檔做家事，就不需要特地挪出時間

善用做家事的片段空檔、超前作業進度，就能夠省去「特地挪出時間」或是「之後再找時間做」的步驟。

準備早餐的空檔同時烹煮晚餐料理

早上待在廚房時可以利用空檔，烹調準備晚餐配菜，然後放入保存容器內，接著放進冰箱冷藏，回到家後就只需要加熱就可食用。

利用整理儀容的空檔做好小孩上學的準備

在上髮捲和等待睫毛膏乾掉的同時，可以利用零碎的等待時間，在盥洗室內能迅速進行家事。像是摺疊整理浴室內晾乾的換洗衣物，以及將小孩的更換衣物放入幼稚園背包裡。在靠近浴室、洗手台、衣櫥的附近，能陸續完成許多的家事。

食物放涼期間清理瓦斯爐

在等待水煮蔬菜降溫的空檔，可以快速地擦拭瓦斯爐一遍。即便是不會看出汙垢的狀態下，只要養成這個習慣，瓦斯爐就能經常保持乾淨，而不必進行大掃除。

早上的時間分配

5:00 起床、整理臥室

5:10 整理儀容、收拾浴室晾乾的衣物、小孩上幼稚園的準備

5:50 晚餐的事前準備、準備早餐、廚房擦拭清理、將烹調用具放入洗碗機後設定流程

7:00 叫小孩起床、起床、吃早餐

7:30 上班、碗盤放入洗碗機後設定、整理儀容（小孩）

8:00 送小孩出門

※灰色文字為丈夫行程

家事對我來說

「思考方式或許和工作模式相似，會以只有自己能完成、附加價值較高的家事為優先來進行。」

不會累積物品和汙垢的住家

藍子小姐

DATA
3人家庭（本人33歲，正在休育兒假，長子10歲，長女2個月大），住宅為集合住宅（約60m²，三房一廳一廚）。

飯廳的主角為胡桃木原木製作的餐桌。「因為家中的所有家具我都很喜歡，所以會想好好對待這些家具，以這樣的心情每天進行清掃工作。」

#「減少物品數量，打造出讓原本不喜歡打掃的我都會想要打掃的住家。」

因為他人推薦說「大一點比較好」，而購買的46吋大電視，但是現在只是徒增清掃的困擾。「由於我們家不常看電視，所以小型的可攜帶式電視就十分足夠。收納在箱子裡還能省去打掃的步驟。」

沒有太多物品的生活 連打掃都簡單許多

藍子小姐是有2個小孩的媽媽，因為很年輕就生小孩，所以有一陣子還住在只有一房一廳一廚的公寓裡。當時的住家還將組合櫃當做桌子使用，而且只有小型的電視櫃和家電置物架，但其實也沒有特別不方便，可以說是從那時候開始自然習慣了家中沒什麼物品的生活型態。

之後是因為看到了yururimai小姐的部落格，想說「照著那樣做打掃變得很簡單」，所以才加快速度展開了將家事最小化的行動。再加上租來的房子能夠自由使用的空間十分寬敞，所以充滿了想要做什麼就會立刻去實行的氛圍。

而且很珍惜從小到大的物品與擁有的資源，將其運用至所有的家事上，讓做家事的方法既沒有多餘步驟又簡單。「因為我自己想這麼做，而且這麼做會讓我心情很好！」，不需要下定決心而自然喜歡上做家事的藍子小姐這麼表示。真的會讓人不禁想為她鼓掌加油！

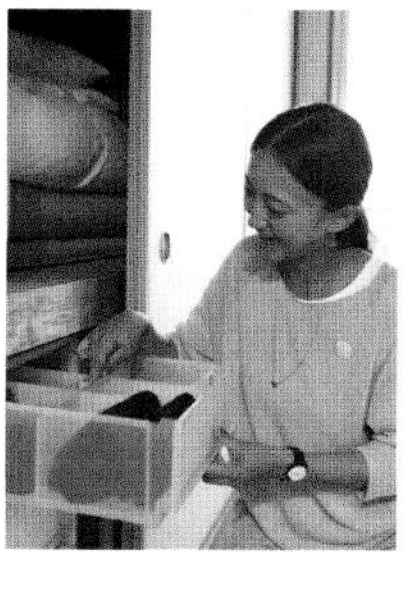

打掃變輕鬆的5個前置作業

因為不喜歡打掃
所以才會想出這個「盡可能不需要清掃」的捷徑。

不要弄髒

只在盥洗室洗手

在廁所洗手時，常會有水花噴濺到毛巾附近的牆面和地板，而呈現濕答答狀態。「所以想出一個只能固定在盥洗室洗手的方式。」這樣也能省略替換毛巾的動作。

利用箱子攔截管線的灰塵

設置在小孩房間床邊的充電插座。由於電線和機器容易累積灰塵，所以就利用紅酒箱來完全覆蓋管線。以效果面來說確實能減少打掃的次數，而且還能將凌亂的部分給遮住。

不要囤積

保存容器選用容易看到汙垢的顏色

保存容器都選用白色或是透明色。「越早發現髒汙，就能以比較輕鬆的方法去除汙垢保持清潔。」還有毛巾和抹布也都是白色的。

水槽的排水孔過濾器為淺型

將原本深型的過濾器更換為淺型。有2個過濾器輪流更換，如果每天都放進洗碗機清洗，就不會留下黏膩汙垢。這樣就完全不需使用到水槽排水孔的蓋子和濾網。

物品不會四散

可以立刻收納的地方

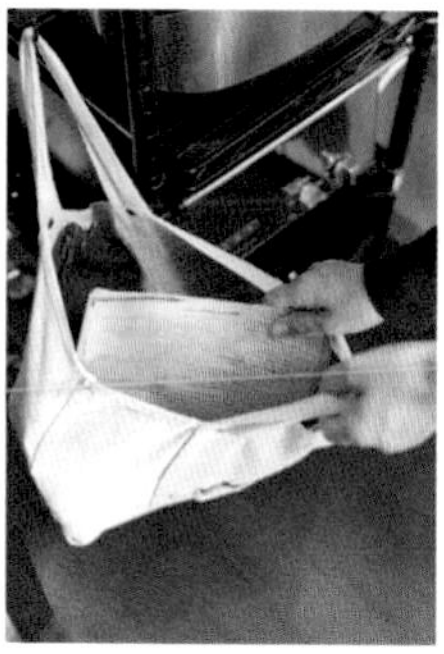

在距離餐桌最近的家電置物架上吊掛袋子，當做收納空間使用。將鉛筆盒和生鮮食物的訂購單放入袋子裡，避免將這些物品直接擺放在桌子上。

先準備好幾個竹籃

上）雖然藍子小姐住家的雜物不多，但是竹籃卻是例外，家中有許多竹籃可方便使用。像是用來收拾散落的玩具，也能擺放換洗衣物。　下）放在壁櫥內等待出場時機的竹籃。

方便擦拭清理

拿掉洗手台栓鍊

栓鍊是清理洗手台時的障礙物。因為頂多只有洗手會使用到栓鍊，所以將其取下放置在洗手台下方。需要使用時再從中取出。

容易散落在外的物品要確實收納

「追求便利性是沒有盡頭的一件事」，藍子小姐這麼表示。雖然將廚房內的家電都直接暴露在外會比較方便，但是清理卻很麻煩。茶壺可以擺放在方便拿取的水槽下方。

盡量減少裝飾品數量

僅裝飾玄關

打掃和裝飾品為矛盾的存在關係，有時候可以裝飾一些明信片讓住家氣氛煥然一新。將喜歡住家氣氛的情緒轉化為打掃的動力。

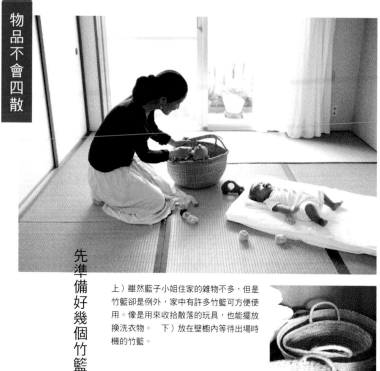

減少垃圾量使物品減量

日子一天一天過去，垃圾也隨之產生。
該如何以環保的創意解決垃圾問題呢？

使用棉布代替

因為很滿意棉布的舒適度，所以使用棉布來擦拭長女屁股與作為尿布使用。只要裁減有機棉的衣物，然後縫製就完成了。肌膚觸感絕佳。

善用食物保鮮膜

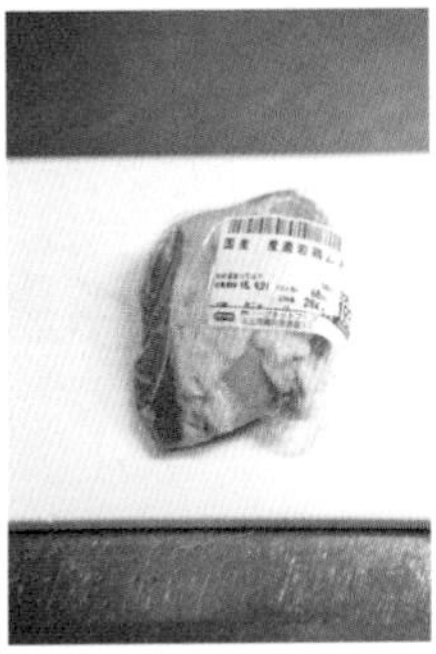

小心撕開包裝用的保鮮膜，可以留下來再使用1次。如果是用來包覆肉類食物，那麼也不需要標明保存期限。的確是減少垃圾量又省事的一箭雙鵰創意巧思。

不使用面紙

不會使用面紙擦拭嘴邊的汙垢，而是使用廚房的擦拭布。只要經過清洗就能保持乾淨，也不會製造垃圾。家中一年的面紙使用量為2盒。

（不隨用即丟 重複再利用）

（整齊的冰箱內部 不再浪費食物）

一眼就能看出可以吃的食物有哪些，完全無死角，保存容器也是可以直接看穿內部，所以不會有堆積食物的情況出現。同時也能成為說服自己不需要大量採購的理由之一。

（手作甜點 不需要包裝）

將水果放入寒天內等待凝固，混入麵糊內接著烘烤。因為清楚知道甜點的材料來源，所以會比較安心，因此總是自己親手製作。也不會因為購買市售甜點而囤積大量的包裝袋和紙盒。

（不要把DM 拿進住家）

在鞋櫃內放置紙袋，隨手將不要的DM和傳單投入。因為在玄關進行處理，所以不會帶進室內，能保持空間整潔。倒垃圾也方便多了。

循環使用有效減少持有物數量

藍子小姐認為「真正的浪費是不使用物品的行為」。沒想到身邊物品在來來去去的過程當中，還能達到逐漸減量的效果，真不可思議。

收到的物品

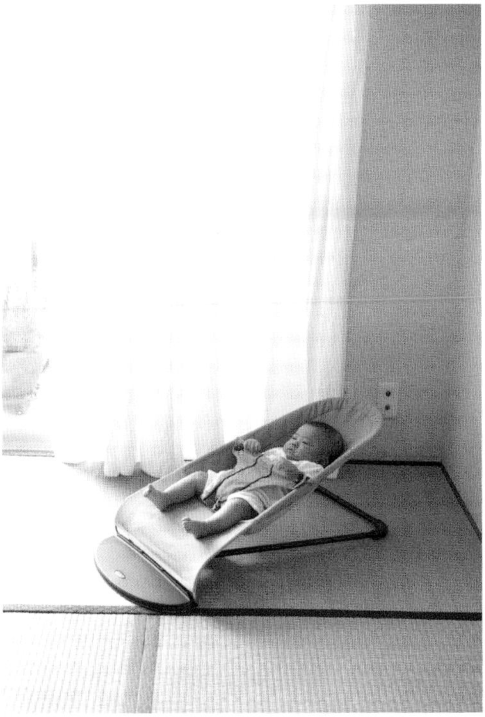

嬰兒躺椅

價格約為2萬日幣的嬰兒座椅是朋友給的，當時還在拼命掙扎「到底要不要買」，結果意外得到這個物品而感到開心不已。

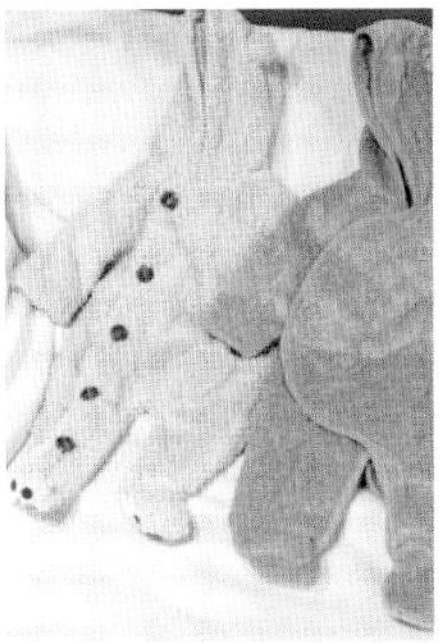

70～80cm的嬰兒服

循環使用率相當高的其中一種物品就是嬰兒服。因為嬰兒服能穿著的時間十分短暫，所以不太會有破損的情況發生。質地保暖的搖粒絨連身嬰兒服，最適合讓女兒穿上迎接她的第一個冬天。

單邊把手鍋具

從公司前輩那邊收到的鍋具，不鏽鋼製材質，同時兼具燉煮、蒸食和油煎的功能，外型也很時尚。選對工具可以成為一輩子的物品，只要懂得保養就能長時間使用。

轉送的物品

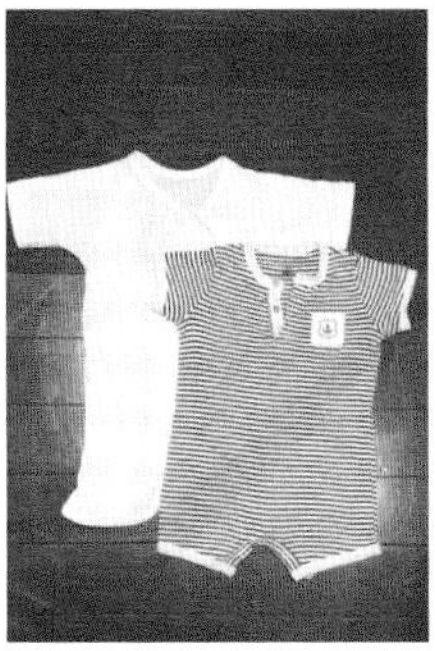

50cm大小的嬰兒服

「因為尺寸變小」，所以將女兒上個月還在穿的嬰兒服送給朋友。不過也對物品的循環使用頻率如此快速一事感到意外，這樣就能避免用不到的物品長時間囤積在家中的情況。

早上的時間分配

6:00 起床、整理儀容、準備早餐

7:00 起床、吃早餐

7:30 整理儀容、倒垃圾

7:55 送長子出門、吃完早餐後的收拾、洗衣服、植物澆水、整理房間、打掃

10:00 帶長女出門

※灰色文字為長子行程

家事對我來說

「打造讓孩子成長的環境。因為不論是打掃乾淨的住家空間或是親手製作點心，都是為了看到小孩的笑臉，我也同樣會為此感到開心。」

整齊乾淨的住家

永野美彌子小姐

DATA
3人家庭（丈夫41歲，上班族，妻子40歲，家庭主婦，長子8歲），住家為獨棟建築（約120 m²，四房兩廳一廚）。

看起來乾淨整齊的客飯廳與廚房空間。以「平面俐落理論」為基礎，餐桌和水槽上都沒有擺放任何物品。

「餐桌和水槽上是即便疲累也會死守的那一道維持空間整潔的防線。」

飯廳的視野範圍。因為是開放式廚房，所以養成了水槽上不擺放任何物品的習慣。整個暴露在外的只有來自大自然的素材而已。

經常打掃避免家事的「血液循環不良」情況發生

前去拜訪的永野小姐住家，內部空間採光良好，整體給人留下俐落整齊的印象。其中水槽上和桌上都清理得很乾淨，看得出來家中的每個角落都有打掃過的痕跡。

因為在空間設計階段就很講究收納空間的規劃，所以不會出現雜物堆積的情況，物品的拿取十分方便。雖然可以說是已經達到「整理打掃為興趣之一」的狀態，但卻並非「完全仰賴收納用品」，而是精心挑選適合的用途，不會給人產生過度收納的負面觀感。

至於打掃的習慣，則是擅長利用吃飯前、外出前和睡覺前等瑣碎時間來逐步清掃。

「即便沒有充足時間，我還是會打掃完再出門。回到家後如果覺得家裡雜亂，就必須開始打掃。從負分的狀態開始會特別有精神，一旦開啟打掃模式，就連做下一個家事都會覺得心情愉悅，進行的過程也會十分順利。」

DINING

用心的收納裝置營造出整潔環境

要使用時物品就在旁邊，收納也不會過度擁擠。東西不要停留在一個位置，確實將物品收進門後，就是收納的基本原則。

視狀況整理桌面

從玄關進入客飯廳和廚房空間後，首先會看到的就是餐桌。「只要這裡不要擺放物品，感覺就會整齊許多。」一旦作業完成就會立即清掃整理。

讓小孩也能簡單掌握的學習用品收納方式

每天都會進行的日文學習。日文學習書籍和文具都擺放在桌子旁的櫃子裡，拿取十分方便。不擁擠的擺放方式容易尋找。

一旁為經常使用的文具專用櫃

文具、記事本、健康用品……，會在桌子上使用的物品都放置在後方的廚房吧台桌。懂得挑選適合的收納道具，也會讓收納功力有所提升。

變得想蒐集考卷影本的100分抽屜

桌子的抽屜為專門用來擺放100分考卷影本的抽屜。「小孩看到數量持續增加很高興，所以會很積極爭取高分。」這也會成為小孩用功讀書的動力。

KITCHEN

調味料和烹飪用具不要暴露在外

烹飪用具和調味料放置在櫥櫃裡。多方考慮後決定比起方便拿取，還是以整體的整齊程度為優先。「不要擺放障礙物」是讓打掃變輕鬆的有效手段。

水槽內不會留下清洗物

外出前沒有時間的時候，會在後方吧台桌鋪上布料，然後將餐具倒過來擺放。「這樣回到家之後就只要將餐具放回原位即可。」還有將水槽內的東西都收拾乾淨。

垃圾直接從水槽丟到垃圾袋內

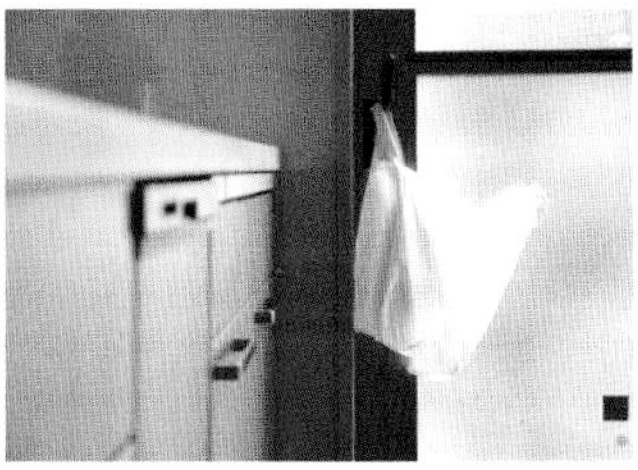

食物容器和塑膠袋等物品，很容易在清洗後晾乾就一直擺放在原處，永野小姐很不喜歡這個畫面，所以會在清洗甩乾後就直接丟進垃圾袋內。

規劃晾乾場所

不容易晾乾且不需急著收拾的水壺和茶壺。準備外型好看的竹籃，將兩者放入。能有效降低生活的雜亂感，看起來也很美觀整齊。

提升整潔度的打掃原則

光是整理物品是無法讓空間長時間維持乾淨狀態，
而是要從物品的整理和清除汙垢開始著手。

RULE 1 隨手清理

更換毛巾時順便

廁所毛巾要替換時可用來擦拭洗手台。擦乾殘留的水滴比較不容易產生水垢，只要每天擦拭就不需要使用到清潔劑清洗。

送小孩出門時順便

清掃範圍包括了玄關、信箱、門把及對講機。送小孩出門時，可以將玄關附近的區域都清掃一遍。因為是容易錯失打掃時機的場所，所以「順便」的這個動作極具效果。「還能夠以愉快的心情展開新的一天。」

RULE 2 立刻處理

利用沐浴乳清潔浴缸

沒想到還能使用沐浴乳來清洗浴缸，不只省略了拿取清潔劑的步驟，而且還可以立刻進行打掃。不過換個角度思考，既然是用來清潔身體上的汙垢，或許這個舉動還真的有道理可循？

收信人資訊立刻撕毀

DM的姓名部分可以利用蓋章等方式處理，但卻很容易出現「之後再處理」的情況。「在拿取的當下就將姓名部分撕毀後丟到垃圾桶。或用水沾濕，文字就會變得模糊不清而難以辨識。」

RULE 3 讓小孩自己打掃

讀完書開始清掃

讀書時會製造的橡皮擦屑，規定要以刷子清理乾淨。不允許就這樣完全不理會髒汙，而且還會影響到之後的清掃工作，所以會讓小孩習慣打掃。

準備起身離席時要收拾餐具

「吃完飯後」要將碗盤拿到水槽。告訴小孩說「先收拾好才能玩耍」，要他自己做好清理工作。自動將桌面整理乾淨。

輕鬆做家事的道具

使用時會感覺心情愉快——。
永野小姐挑選的道具，讓容易淪為形式化的家事效率有所提升。

方便吊掛的
「掃帚」

不會纏繞在一起的
「麻繩」

尺寸剛好的
「鍋子手套」

右）由羊毛氈達人－宮崎桃子老師所製作的鍋子手套，套在手上的契合度相當出色。戴上和脫下都很方便。　中）利用樹枝作為支柱固定的驅蟲麻繩。因為是從蓋子的洞口穿出使用，所以繩子不會纏繞在一起。還可以用來綑綁雜誌和報紙。使用的是NUTSCENE「罐裝麻繩（150m）」。　左）有著像拐杖把手部位的掃帚，優點是吊掛著前端也不會變形。不必擔心沒有收納的場所，輕鬆就能使用。使用的是白木屋傳兵衛的掃印－「可吊掛掃帚」和「繩子畚箕」。

安穩入睡的
「紗質床單」

用來收納玩具的
「巨大積木」

吸水力極佳的
「肥皂盒」

右）矽藻土製成的肥皂盒。吸水力極佳，風乾後還能保持乾淨狀態。翻面可作為刷子置物架使用。使用的是Soil「洗澡用肥皂盒」。　中）樂高積木外型的收納盒，可以用來玩堆疊遊戲。樂高裡也有樂高，光是這樣就會讓小孩興奮不已。使用的是樂高的「樂高裝飾方塊」。　左）純棉製的床單特色為「能適度調節濕度與溫度，夏天清爽透氣，冬天保暖性佳。讓人一整年都持續愛用」。商品是在無添加紗質寢具工房松並木本店購入。

早上的時間分配

5:00 起床、煮沸麥茶、將洗碗機內的碗盤放回碗盤架上、將洗衣烘衣機內的衣物摺好、看新聞和報紙

6:00 叫小孩起床、整理儀容（小孩）、準備早餐、吃早餐、整理儀容、給寵物狗吃飼料以及口腔清潔

7:20 送小孩出門、將昨天穿的鞋子歸位、打掃玄關、庭院澆水（偶爾）、倒垃圾、吃完早餐後的收拾

8:00 整理房間、打掃

家事對我來說

「做家事是我的興趣，因為一定要做，所以想要愉快進行。所以才會如此講究道具的選用。」

生活道具分享
第2彈
垃圾桶

讓人苦惱如何從美觀與功能中取得平衡的垃圾桶。會因為場所不同而改變挑選的標準，以下就來介紹各位所使用的垃圾桶。

省略手部動作的腳踏式

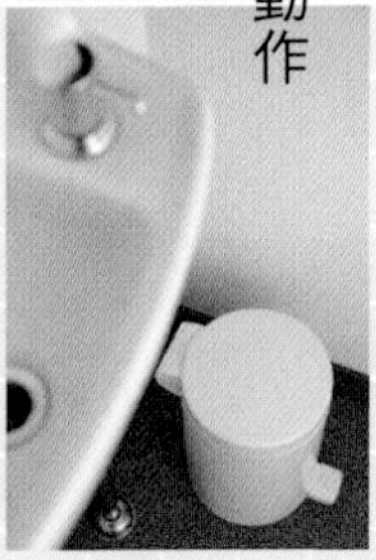

右）小型的垃圾桶不需要彎腰就能打開蓋子相當方便，至於密閉性較高的brabantia商品則是作為寵物狗的廁所使用。（永野美彌子小姐） 左）大容量的垃圾桶為simplehuman的商品，「忙碌的時候，吸塵器和碎紙機等幫忙處理垃圾的機器，真的是幫了不少的忙。」（本多SAORI）

以洗衣籃和報紙回收箱代替

上）將3個體積不佔空間的洗衣籃並排，用來作垃圾分類。「質地柔軟空間延展性佳，可以裝得下比標示容量還多的物品。」（野村光吾先生、千明小姐） 下）將報紙回收箱當做垃圾桶使用，以塑膠袋劃分區域。用來丟棄可燃垃圾和塑膠垃圾。（藍子小姐）

不會破壞空間氣氛

右）在「胡桃木」店內發現的馬口鐵水桶作為垃圾桶使用。考慮到丟垃圾的動線，而決定擺放在客廳的中央位置。（田中由美子小姐） 左）以天然素材編織而成的樸素籃子，柔和的外型完全融入空間的氣氛當中。（野村光吾先生、千明小姐）

連同垃圾袋一起丟棄

廚房內沒有垃圾桶，而是直接使用塑膠袋放置垃圾，可以連同袋子丟棄，也比較衛生。拿去公寓的垃圾場堆放的次數相當頻繁。廚餘垃圾則是直接丟入廚餘處理器內。（田中AKI小姐）

擺放在空間空隙處的細長型垃圾桶

右）將無印良品的垃圾桶擺放在冰箱和家電置物架的空隙之間。「寬度約21cm，差不多可以放置1個紙袋的大小。」（森島良子小姐） 左）與盥洗室內的死角空間相當契合，寬度有27cm的垃圾桶（like-it的「ora」）。「固定袋子的部分可以上拉，方便放入垃圾袋。」（永野美彌子小姐）

PART 2

「衣櫥、鞋櫃」的便利收納方式

數量眾多的衣物和鞋子收納總是讓人苦惱，所以必須制定屬於自己的彈性規定。接著就來介紹各位家中的衣櫥和鞋櫃。

→CLOSE←

Closet

衣櫥

壁櫥收納要從物品分類開始著手（本多SAORI）

我們家的收納主要是一間半（約273cm）的壁櫥。因為會將每天使用的棉被和衣物擺放在此空間內，所以十分講究物品與空間的契合程度。首先是以使用頻率區分，使用度較高的物品放在前方和左側，使用度較低的物品則是放在後方和右側。最後利用收納用品進行系統分類整理，讓壁櫥搖身一變成為方便使用的收納場所。

抽屜分區就不會顯得雜亂

壁櫥內有方便收納的衣物抽屜，但是每次打開閉合之後，還是會讓裡面的衣物滑動而變得凌亂。為了防止這樣的情況發生，可以利用不織布材質的盒子來隔開。照片中分別為長版T恤和其他T恤。

吊掛主要衣物會比較好挑選

壁櫥的最前排為12件季節性穿搭的固定吊掛位置。將上衣和下著都吊掛起來，在做選擇時會比較容易。後排的則是吊掛次要的衣物，若交換位置也很方便快速。

襪子收納要留部分開口，並擺放在好拿取的位置

每天都會穿著的襪子，是拿取相當頻繁的衣物，因此要收放在歸位與拿取都很方便的場所。如果是固定在布簾一端的位置上，拿取時就不必打開和拉上布簾。

死角用來放置背包

其實相當佔用空間的背包收納可以善用壁櫥的空隙處。只需要在前後方的邊緣固定住伸縮桿，然後再以S型掛鉤吊掛。不會拉扯背包也可以避免變形的情況發生。

利用牆壁掛鉤和長條掛鉤方便拿取

左）不好摺疊的圍巾可以使用專用的牆壁掛鉤吊掛收納。這樣回到家後就能立刻歸回原位。　右）容易相互纏繞在一起的項鍊也要個別吊掛起來，使用透明的長條掛鉤，也不會造成視覺上的混亂感。

不會「找不到東西」的箱子分類收納

使用頻率較低的物品較容易就會被遺忘。因此決定在壁櫥上方的收納區以箱子做分類，不要擺放太多雜物。前面是帽子收納箱，後面則是運動服收納箱。

上）擺放家中7成物品的壁櫥空間。
下）試著將物品清空會看到內部的骨架。
其中包括了9個衣物箱、2個塑膠收納箱、3個木條墊、1個立式吊桿、1個移動吊桿、4個伸縮桿、1個牆壁掛鉤。

狹小的收納空間重點在於衣服的選擇。

輕鬆決定服裝穿搭的選擇方式

衣服的數量越多，
就要花更多的時間思考要如何做搭配。
只要控制衣服的數量，穿搭和收納的問題都能一次解決。

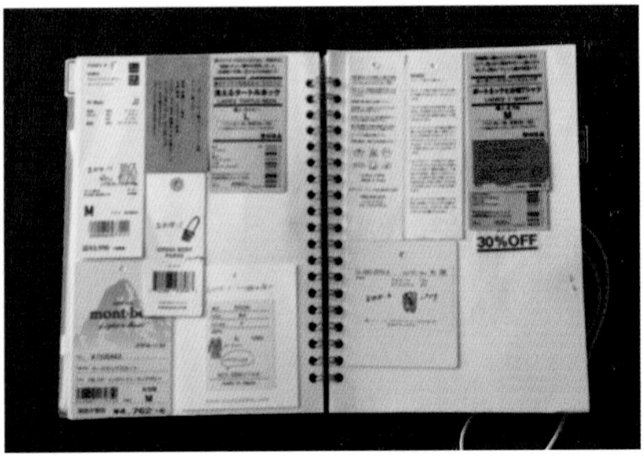

利用記事本來管理衣服和飾品種類數量，衣櫥的整理工作就會輕鬆許多。將標籤和購買明細表黏貼在記事本上，等到要丟棄不要的衣服時再一起撕掉。由於記事本上清楚記載了購買時間和金額，同時也能作為購買衣服時的參考資訊。

喜愛寬褲和長版上衣的理由

活動方便且外型與裙子相似，散發女性魅力。寬褲因為兼具兩者優點而成為重複穿搭服當中的一員。長版上衣則是能適度遮掩在意的腰部和大腿部位周圍。白色寬褲／CHICU＋CHICU 5/31，直條紋長版上衣／Veritecoeur

季節性服裝和一整年都能穿著的服裝搭配

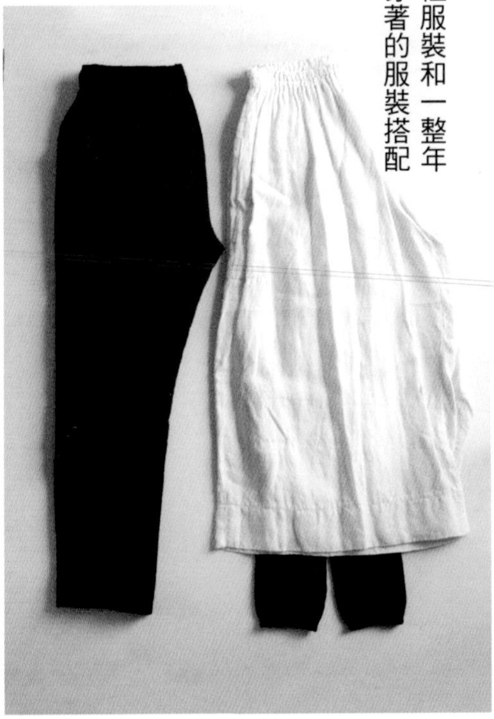

羊毛褲和麻布材質的寬褲都是冬天不可或缺的主要衣物。其中寬褲和內搭褲的穿搭方式則是一整年都相當合適。深藍色羊毛褲／Dessert，白色寬褲／CHICU＋CHICU 5/31

不擅長的服裝穿搭要找到適合的搭配模式

深藍色的針織衫搭配白色褲子，以及合身吊帶褲搭配平口的針織衫。只要先設定好幾種適合自己的服裝顏色，以及絕對不會出差錯的穿搭方式，忙碌的早上就能稍微鬆一口氣。深藍色針織衫／無印良品，白色褲子／evam eva，平口針織衫／F/style，吊帶褲／atelier naruse

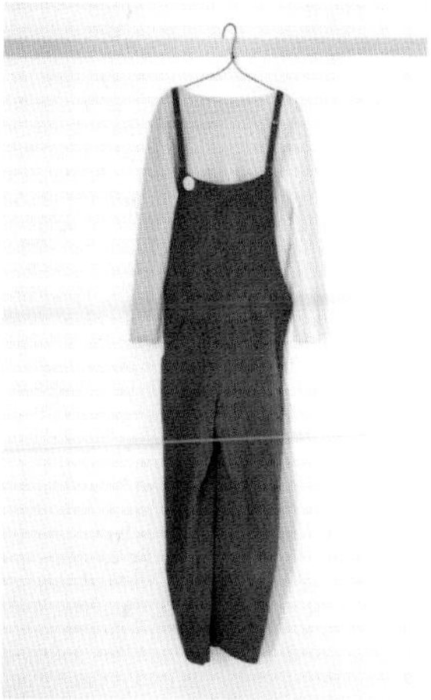

1件上衣與基本款服裝平衡整體搭配

舉例來說，襯衫的部分如果是簡單的設計就能夠重複穿搭，而另一件則是只要披上就很好看的襯衫設計。不知道該如何穿搭時，後者的存在就會顯得十分重要。白襯衫／nook store，條紋襯衫／ARTS&SCIENCE

有圖案和單色的襪子發揮不同效果

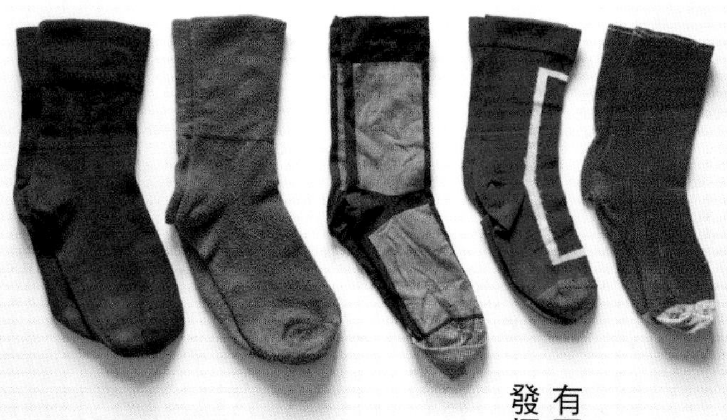

有圖案的襪子在「服裝搭配不出色」的狀態時能派上用場。可以前往喜歡的店家選購顏色和圖案取得平衡的襪子。至於單色的襪子則是在憑感覺穿搭時，覺得適合就能隨時救援。有圖案／Bonne Maison，無圖案／F/style

【方便管理的巧思】

不必保留附贈的所有鈕扣和相同布料

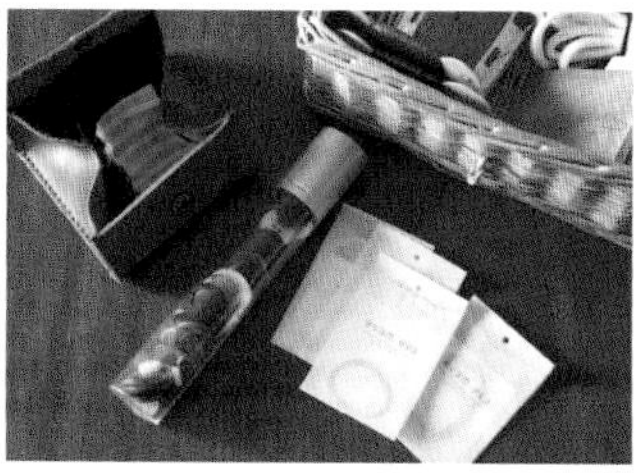

購買時會附贈的相同布料和縫線，只需要留下就算有縫補過仍會想繼續穿著的部分。鈕扣可放入筒狀容器內保存，等到鈕扣數量變多，就丟棄底下的舊鈕扣。

可看見內容物方便尋找的透明防塵套

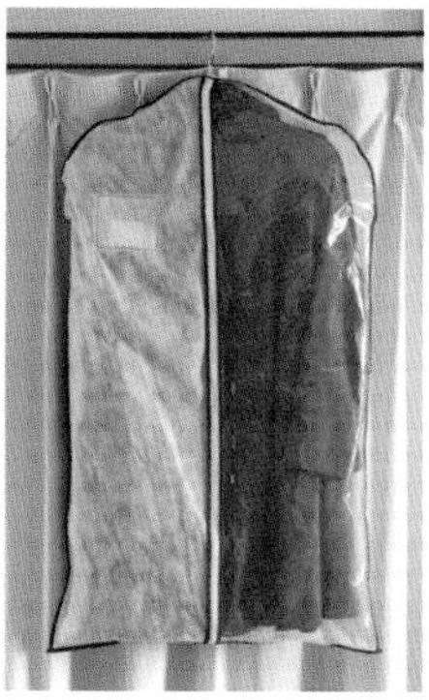

半邊為透明狀態的服裝防塵套能免去查看內容物的步驟，不織布的部分設置了可放入驅蟲劑的胸前口袋。商品是從網站－「收納的巢」購入。

→CLOSE←

自己獨特的收納系統讓「物品整理」再也不困難

（田中由美子小姐）

選用了IKEA的收納櫃，將整個房間打造成大型衣櫥空間。衣櫃的部分是夫妻分開，管理也是各自進行。「因為不喜歡將衣服一件一件摺好歸位，所以使用衣架吊掛。抽屜也不會塞得滿滿的，而是會留有空隙。」想要輕鬆將衣服放回原位的田中小姐的收納位置是在前方，後方則是丈夫使用的空間，有自己獨特的分配方式。

下半身衣物以吊掛取代摺疊

以褲子專用衣架吊掛，避免摺疊收納。同時還能防止將要歸位的褲子隨便塞入衣櫃的情況發生。使用不太會滑動的「MAWA衣架」。

入口附近為背包的固定位置

背包要個別放置實在麻煩，所以選擇將背包以吊掛方式收納。利用簡單的方法養成將物品歸位的習慣。將吊桿擺放在門旁，拿取也十分方便。

內衣褲數量控制在足夠換洗的最低限度

「因為每天都會洗衣服，所以只需要3件就夠穿了。」不要購買太多的內衣褲，而是要配合清洗頻率來控制數量。經常換穿然後再一次全部淘汰換新，在管理上也比較輕鬆。

背包內容物放在一旁的櫃子裡

確保在吊桿附近有能夠放置背包內容物的場所。為了方便拿取決定放在第一層的位置，抽屜內部會以盒子分隔空間。

OTHER SIDE

衣服和背包全都一覽無遺，方便管理的衣櫥空間

（野村光吾先生、千明小姐）

一整面牆都有吊桿的衣櫥空間能夠一眼看出衣服款式。右側為丈夫衣物，左側則是妻子的收納空間，並將「能吊掛的衣物」都吊掛起來。「方便挑選服裝，而且拿取和歸位都很輕鬆。原本預定要裝設遮蓋衣物的布簾，後來覺得開放式收納也不錯。」方便整理沒有穿的衣物也是好處之一。

下拉就能拿取的實用衣架

使用寬度只有10cm的無印良品衣架，1次吊掛20條領帶。「可以直接拿取想要的領帶款式，衣架也不會整個掉落。」

體積較大的羽絨衣放入死角

在天花板的樑柱之間加上木頭底板作為收納空間。將羽絨衣等季節服裝放入壓縮袋內，並以方便拿取的直立狀態收納。

有厚度的背包採用高低吊掛方式

搭配長度不同的S掛鉤，以高低吊掛方式調整背包排列的厚度，還能節省空間。1個掛鉤吊掛1個背包，拿取會比較方便。

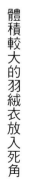

→CLOSE←

依目的分為平日服裝和週末服裝，方便挑選搭配

（森島良子小姐）

森島小姐清楚劃分了1樓和2樓的衣櫥收納目的。「早上換衣服還要走上2樓覺得麻煩，所以工作服都統一收放在1樓。2樓的衣櫥則是擺放週末服裝，會按照顏色、圖案來排列，挑選時也會特別開心。」將服裝分門別類，在尋找要搭配的衣物時也比較方便，管理上也很輕鬆。

工作服統一收納在便利的1樓空間

客廳的衣櫥內全部都是制服、襪子、背包等工作時的穿著。能夠迅速完成出門的裝扮，另外也有規劃出脫下來的居家服放置空間。

喜愛的背包掛在可欣賞的位置

經常使用且喜愛的背包不放入空間內收納，而是直接吊掛在一眼就能看見的牆面上。利用掛鉤吊掛，不但能輕鬆拿取，收納也很方便。

不須挑選的衣物就不用特地吊掛

「將會經常穿著的牛仔褲放在最上面，因為不需要經過挑選步驟，所以只要快速摺疊收納即可。」摺疊能縮小體積，省略吊掛的動作。將常穿著的襯裙擺放在上方位置。

摺疊背袋放入托特包裡收納

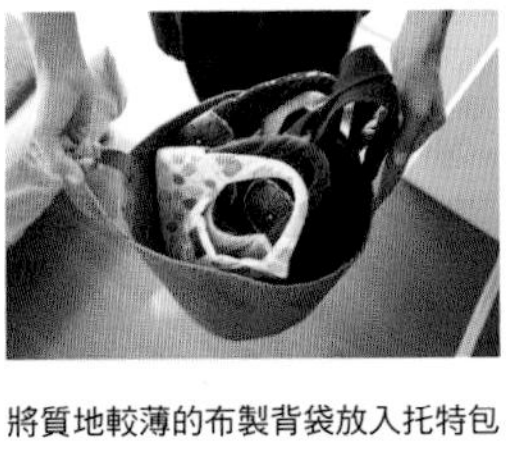

將質地較薄的布製背袋放入托特包內。將背袋放進托特包內，就不必特別去確認托特包內的物品。

→CLOSE←

所有衣物都能吊掛收納的簡單裝置

（永野美彌子小姐）

永野小姐家中的衣櫥是裝設了簡單的上層置物架裝置。「不需要做多大的變化，維持空間的可調節性。下方擺放了服裝收納箱，準備足夠的箱子數量就能夠增加收納容量。」至於寢具和家電則是擺放在其他場所，這裡只會放置衣物。沒有混雜其他物品的衣櫥空間看起來整齊俐落。

背包以使用頻率多寡來分類

使用無法直接看到內部的置物箱，就要更明確做好內容物的分類。以使用頻率為區分標準，不管哪個背袋改變位置都能迅速辨別。

足夠的洋裝收納空間

下方空間容易擺放過多的衣物箱子。「因為有吊掛洋裝，所以刻意留下部分空間。」採取這種方式，就不會擠壓到洋裝的下襬，也不會產生皺褶。

披在身上的外衣吊掛收納不須摺疊

方便穿脫的針織羊毛衫以有寬度的衣架吊掛收納。因為不需要摺疊，所以能有效防止「隨便亂放」的壞習慣。

T恤按照顏色擺放不必花時間尋找

分為藍色系、灰色系、粉色系種類。數量較多的T恤選擇以同色系方式堆疊擺放，從上而下一眼就能分辨。在不知道要選擇哪件衣服穿著時有助於做出決定。

晾衣服、收衣服、歸位，這些整理步驟都很輕鬆

（田中AKI小姐）

OTHER SIDE

田中小姐之所以會選擇這個住宅，其中一個原因就是衣櫥的位置。衣櫥在盥洗室和臥室之間，衣物相關的家事動線十分順暢。「盥洗室的旁邊就是有烘乾機的浴室空間，所以衣物的清洗↓晾曬↓收取的作業為一直線動作。脫下來的衣物拿到盥洗室也很方便，不會有隨處一丟的情況發生。」

上班用的提包要放在同一個位置

容易隨手一丟的包包，可以擺放在就算放在地上也不會成為障礙物的衣櫥下方。決定固定擺放位置之後，物品就不會散落各處，也能輕鬆掌握包包內的物品內容。

睡衣的收納

在吊掛衣服的下方擺放竹籃用來收納睡衣。脫掉之後可以直接隨手放入籃子裡，能夠維持衣櫥內的整齊度。

小孩的上衣不需要摺疊收放

以衣架吊掛上衣晾乾，等待風乾後就直接放回衣櫥內。省略了從衣架上取下和摺疊的步驟，而且在挑選時也很方便。

利用宅配洗衣服務保存衣物

田中小姐因為工作性質所以外套的數量特別多，而選擇利用洗衣業者提供的保存衣物至隔年的服務。所以能確保自己家中的衣櫥有7成的收納容量，衣物的拿取歸位十分輕鬆。

→CLOSE←

可以看清楚所有配置，便利的抽屜收納

（藍子小姐）

藍子小姐家中只會留下需要使用的物品，不會用到的東西就會直接放手。就連壁櫥內也不會出現多餘物品，可以直接看清楚整個收納空間，使用上十分便利。

「因為想要一眼就能看見要找的物品，所以採取能夠清楚知道『這個東西在這裡』的抽屜和置物箱配置方式。內部空間的排列不會擁擠，不會擺放太多物品，同時也注重空間的整體美感。」

挪出空間擺放暫時不會穿的衣物

不知道要擺放在哪裡的「下次再穿衣物」，還是有規劃出擺放的位置。在客廳的收納空間設置伸縮桿，然後以吊掛方式收納。

吊桿用來吊掛長版衣物

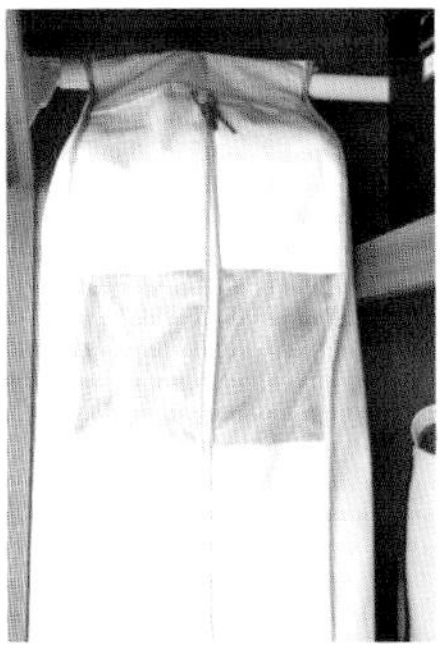

能夠放進前後牆面之間的伸縮桿，可以搭配服裝防塵套作為衣櫥使用。可用來吊掛洋裝和正式服裝等容易因摺疊而產生皺褶的衣物。

常穿和不常穿分類讓挑選更輕鬆

抽屜的前方擺放現在會穿著的褲子。至於整理時不能決定穿著頻率的褲子則是放在後方，定期查看整理。分類的這個動作能提升挑選衣物時的效率。

種類眾多的襪子分開收納

抽屜內放入空間隔板，分別擺放絲襪、褲襪等各個種類的襪子。隔板隔出縱向2列增加強度避免晃動。

→CLOSE←

Shoes Closet

鞋櫃

書籍、CD、紙袋……。拋除舊有觀念，鞋櫃也能用來收納鞋子以外的物品（本多SAORI）

鞋櫃是家中重要的收納場所，懂得收納說不定最多可以擺放50雙鞋子。我的鞋子有10雙，丈夫則是有11雙鞋子，所以剩餘空間則是作為倉庫使用。可以用來放置書籍、CD、相簿、紙袋、健身用品等物品。

有10雙鞋子，還有多餘的收納空間

看到鞋櫃裡有很久沒穿的鞋子，不知為何情緒會受到影響。所以會將鞋子按照用途分類，只留下少數菁英分子。種類包括有拖鞋、皮鞋、長靴、涼鞋，以及婚喪喜慶使用等用途的10雙鞋子。

利用伸縮桿善用死角

在鞋櫃的側板裝設伸縮桿代替底板使用。可用來放置短靴，而且不會侵犯到其他鞋子的收納空間。為了能順利吊掛鞋子，需要調整伸縮桿的位置。

健身房使用的保養品要能方便拿取

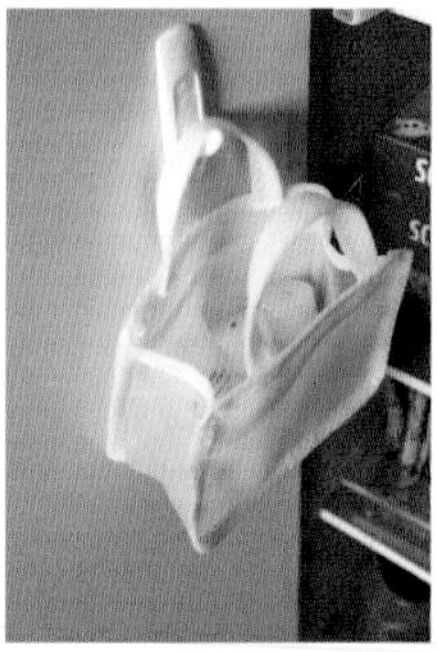

外出會使用到的物品應該要擺放在住家的玄關位置。將在健身房和SPA會使用的洗面乳和保養品放入化妝包內，吊掛於裝設在門後的掛鉤上。第四層也可以用來收納健身房衣物。

壓克力板作隔層懸浮收納紙袋

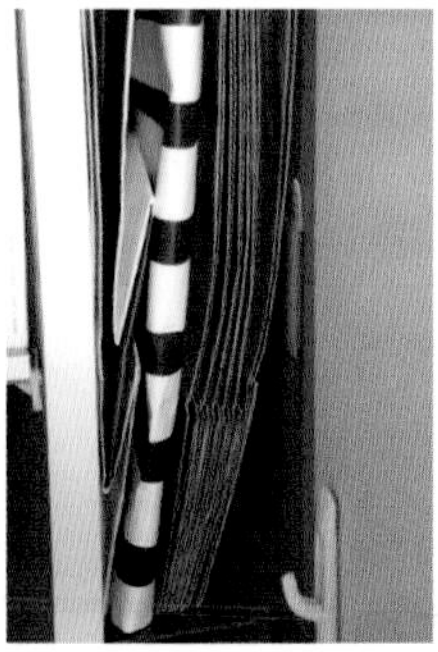

在玄關擺放紙袋，方便用來收放禮品和臨時需要等。在放置雨傘的空間以「雙面膠」黏貼固定L型壓克力板，打造出一個收納場所。

避難用品要能夠隨時更新

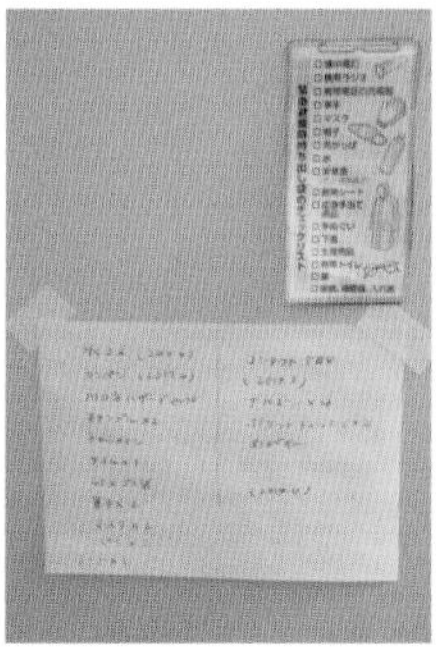

記錄下避難袋中的內容物種類，並黏貼在門的後方。只要標明水和食物的保存期限，就不必一一確認後做更換。一旁的報紙內文則是為了提醒「什麼時候」需要更換。

鏡子和時鐘是忙碌早晨的救星

「搭得到公車嗎？」、「垃圾車什麼時候會來？」如果在玄關裝設時鐘，就能讓之後的行動順暢許多。鏡子則是用來確認忙亂中的妝髮狀態。

被書籍和CD等鞋子以外的物品
佔據大半空間的鞋櫃。體積較大
的備用面紙也是擺放在此處。

→CLOSE←

帶出門和帶回家物品的放置整理場所

（森島良子小姐）

大容量的鞋櫃空間，一半是用來擺放鞋子，剩下的部分則是外出時會使用的物品，像是手帕、野餐墊、帽子、防蚊液……等。「仔細想想這些都不是家中的必需品吧？直接擺放在玄關進行管理，就能夠立即準備，而且不會將物品隨手亂放在家中。」最上方是收納用來擦拭髒汙的舊毛巾。

大衣吊掛區 降低屋內雜亂感

在鞋櫃的對面牆上設置掛鉤，作為外出服吊掛區使用。因為是直接在玄關穿脫，也能避免將衣物隨手放在沙發和椅子上。

破洞襪子的 活用方式

將稍微破洞的襪子丟棄有點可惜，其實可以用來擦拭鞋子。將手套入襪子內使用，既合適又好擦。

口罩也放玄關 就不需要歸位

大多是外出時才會使用的口罩，比起擺放在家中，放在玄關空間更為適合。外出時或是需要使用時都能隨時拿取十分便利。2個置物盒分別裝有小孩用和大人用的口罩。

丈夫的小物收納區 不會到處亂放

一層的置物架擺放丈夫物品，包括有容易隨手一丟的鑰匙、手帕和名片夾等，統一擺放外出時會使用的物品。因為每天都會拿取收放，同時也能避免有忘記攜帶的情況發生。

鞋櫃和收納區分開，清楚掌握物品去向

（永野美彌子小姐）

→CLOSE←

永野小姐住家玄關展現出北歐的織布風格裝潢，刻意選用容量較小的鞋櫃，並在旁邊設置大容量的土間收納空間。「只擺放當季的鞋款，其他鞋子則是擺放在土間收納區。因為一眼就能看出『可以穿的鞋子』，比較容易做決定，鞋子的保養也會比較用心。」至於方便拿取的下層空間則是用來放置小孩的鞋子。

避難用品固定吊掛在牆面上

在一眼就能看到的牆面上裝設掛鉤，用來吊掛必要時使用的避難用品袋。由於收納場所固定，還能產生「物品一直都在」的安心感。

入口附近擺放散步物品

土間收納區的入口為擺放寵物狗散步用品的固定位置。一打開門就能拿取，準備和之後整理都不麻煩。統一收放在「TUBTRUGS」的桶子裡。

利用精油噴霧讓空間充滿香氣

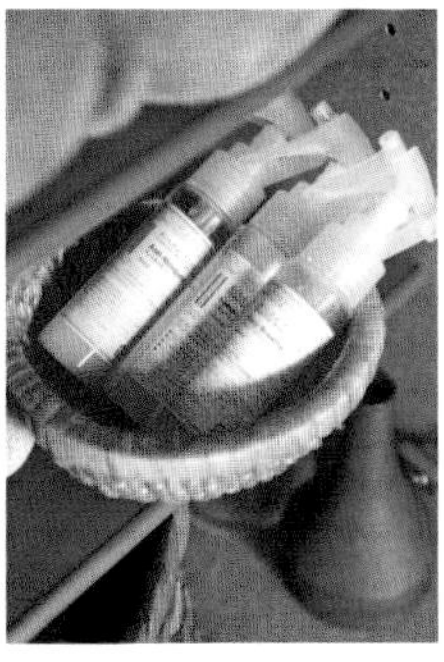

準備幾種香味和成分不同的精油噴霧，可以消除不好的氣味並飄散芳香味。防蚊液則是方便帶寵物狗出去散步和外出前使用。

鑰匙收納同時也是裝飾品

可直接從玻璃容器內看到的馬模型鑰匙圈。將鑰匙放在裝有小木球的容器內，裝飾性十足！

→CLOSE←

容易尋找且不會累積濕氣，「透視化」的爽快收納

（野村光吾先生、千明小姐）

以木頭和砂漿的不同材質所打造出的設計感玄關空間。讓人印象深刻的拉門，是採用老舊大門再重新鋪上金色紗網製作而成。「隱約可看見的視野不會造成視覺困擾，另一個優點是透氣性佳。」在上方加裝軌道成為拉門後，就連開關門也變得輕鬆許多。

方便拿取的角落擺放經常穿著的鞋

在稍微打開拉門的位置擺放經常會穿的鞋子，這是避免鞋子亂擺的保護方式。上下分開，下層擺放千明小姐的鞋子，上層則是光吾先生在使用。

尺寸吻合且善用玄關空間

經常被忽略的底板深度則是設定為配合丈夫鞋子大小的28cm。因此沒有死角，有效利用玄關空間。

方便尋找不雜亂

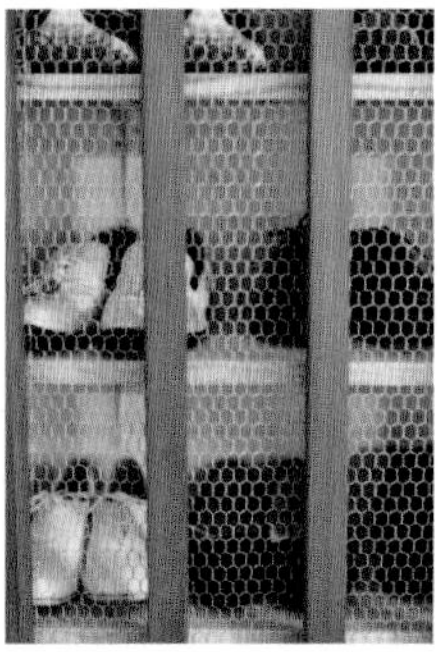

鋪設金色紗網的拉門能看到擺放的鞋子，而且不會感覺雜亂，製造出絕妙的視線範圍。因為很容易就會看見，所以有時也會成為換鞋的理由。

讓空間保持整潔的秘訣就在於採用黏貼、吊掛方式的牆面收納

（田中由美子小姐）

田中小姐選用的鞋櫃是學校使用的鋼製儲物櫃。刻意不選擇一般的鞋櫃，更能感受到對住家擺設的重視度。「我不喜歡視覺上看起來很雜亂的樣子，所以選擇有門可遮蔽的設計。鋼製的部分也是重點之一，可以吊掛任何物品，地板的清掃工作也省力許多。」

防火門張貼家中資訊

將玄關與室內空間隔開的防火門為鋼製，所以能夠使用磁鐵。張貼上標明倒垃圾日期和洗衣店的領件證明等資訊單，讓家人能共享資訊。

掛鉤設置在小孩能拿取的高度

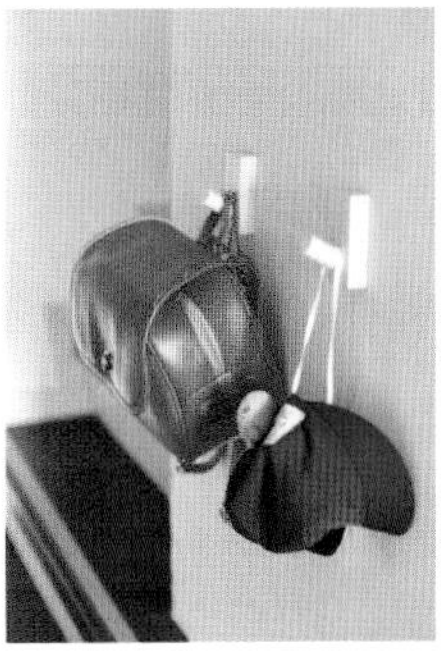

為了讓長子養成自己吊掛書包和帽子的習慣，而在脫鞋後3步的地方設置了收納處。掛鉤則是設置在小孩輕鬆就能碰觸到的高度。

重要物品可安心放在死角

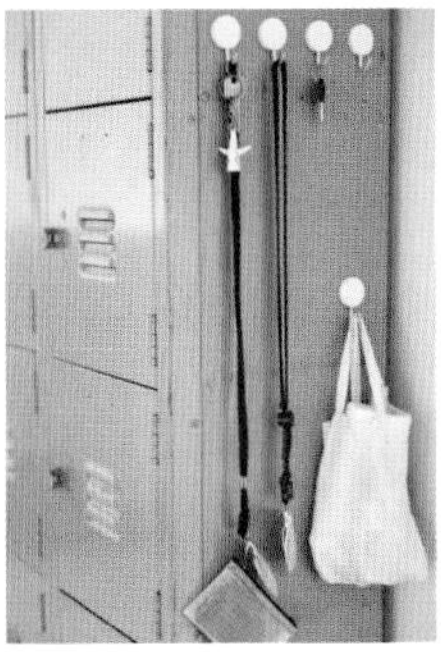

從入口看到的鞋櫃側面，留有磁鐵掛鉤，用來吊掛鑰匙和幼稚園監護人證明。想偷懶時也可以直接在穿鞋的狀態下拿取。

利用隔板架讓收納量倍增

放置隔板架來劃分區域，善加利用了死角。壓克力板在視覺上也不會顯得突兀。前方擺放的瓶子是用來放置筆和印章。

留下所需數量的鞋，即便是小型鞋櫃也足以收納

（藍子小姐）

→CLOSE←

藍子小姐住家的鞋櫃是採取上下分開擺放形式。容易拿取的下方是放置經常穿的鞋子，不好拿取的上方則是放置雨衣等物品。「經常會整理鞋櫃，把不要穿的鞋子丟掉。現在只剩下12雙鞋子。」至於整理過後空出來的空間，則是用來擺放DIY用品，作為倉庫活用。

利用門後的鏡子確認服裝

鞋櫃對面的收納區。因為小孩年紀還小，所以房間內沒有裝設鏡子，而選擇在門後黏貼不會破的鏡子。萬一小孩用手碰觸到也不會危險。

雨衣摺好放入箱子收納

因為摺雨衣很麻煩，很容易脫下就直接塞入置物架的空隙處。所以要準備專用的箱子，稍微摺疊後放入。這樣就能讓玄關保持整齊狀態。

小孩的鞋子只留下愛穿的2雙

不管有幾雙鞋子，長子都只會穿自己喜歡的那幾雙，所以現在他只有2雙鞋。還在發育期的小孩不需要有太多的鞋子，需要時再購買即可。

抽屜是鑰匙和印章的專用櫃

「因為不習慣將鑰匙和印章放在外面，所以擺放在鞋櫃上方的小抽屜內。」這樣就能放心拿取，收放也很方便。

→CLOSE←

以使用方便為優先考量，功能性絕佳的鞋櫃

（田中AKI小姐）

考慮到擺放物品、容量與配置因素後，而選用了這個約半張榻榻米大小的鞋櫃，使用起來十分方便。「DM丟棄、帽子與零錢整理、雨具收納……，沒想到為了保持住家的整潔，光是玄關部分要做的事還不少。」鞋子的收納也分為家中3人的收納區，擁有令人讚嘆的整理能力！

打掃工具放在箱子內

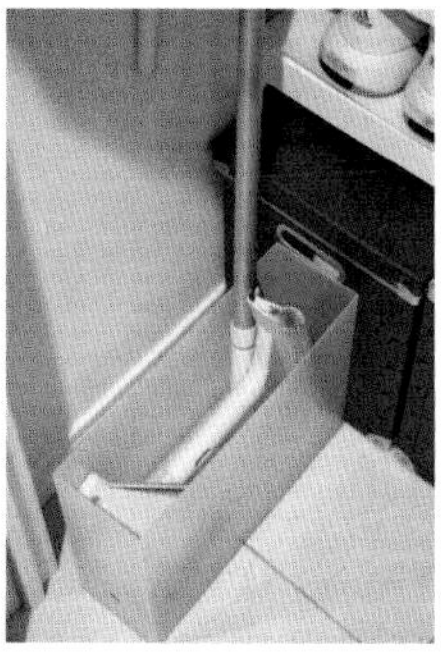

放置半透明的資料盒，用來擺放打掃工具。將拖把的前端遮住就能降低住家的生活雜亂感。不但方便拿取，看起來也比較美觀。

DM直接丟進碎紙機和垃圾桶

DM要在當下判斷是否要留下，不要的DM丟到碎紙機或是紙袋內。絕對不要帶進家中，另外也要準備好替換的紙袋。

口袋裡的零錢「請放在這裡」

在丈夫容易擺放零錢的地方放置零錢盒。出門購物時也可以使用這裡的零錢，旁邊則是放置累積點數的卡片。

伸縮桿的吊掛收納

在牆面與牆面之間，設置伸縮桿，然後以S字的掛鉤吊掛帽子。吊掛方式能讓佔空間的帽子降低佔用的收納體積，還能避免胡亂擺放的情況發生。

夾鏈袋活用法

分享

每個住家都至少擁有其中一種的便利道具－夾鏈袋，不管是在廚房內、背包裡或收納架上……，在許多地方都能看到它的活躍表現。

提升蔬菜美味度且方便使用

右）L尺寸的夾鏈袋裝有各種蔬菜和水果。「一眼就能看出剩餘的分量，方便決定菜色，也能將所有食物一次取出。」（本多SAORI）　左）這是喜歡簡單烹煮蔬菜的田中小姐所愛用的，能保持食物鮮度的「蔬菜保存用夾鏈袋 P-Plas」。（田中AKI小姐）

事先準備好需要使用時就不會感到慌張

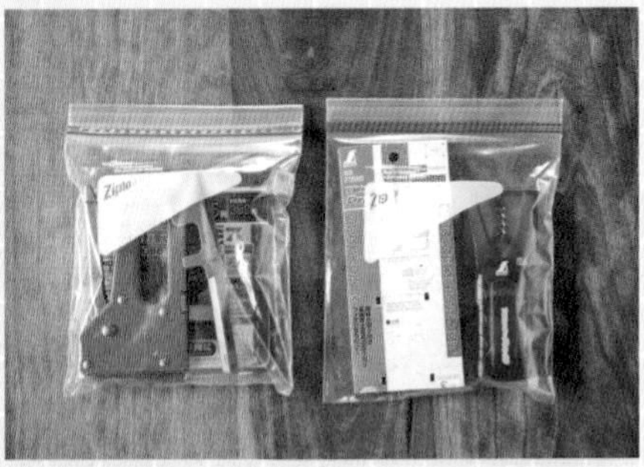

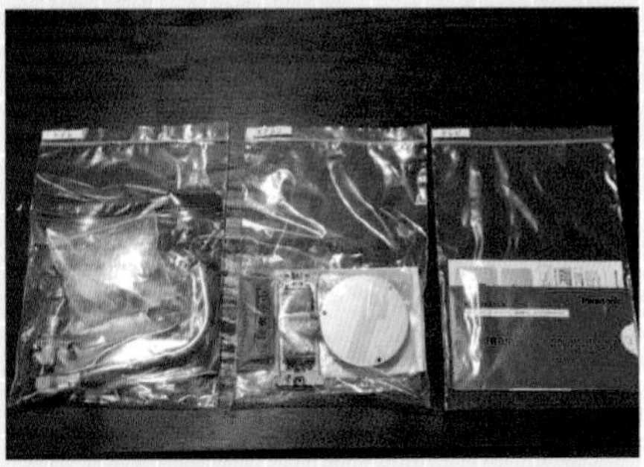

上）使用頻率較低的工具和感應測量器等物品很容易忘記使用方式。「所以要連同說明書一同裝袋收納。」（永野美彌子小姐）　下）家電與設備的保證書要一起收納。「因為不需要頻繁開關，所以只要使用100日幣的夾鏈袋即可。」（藍子小姐）

讓背包內保持整潔的整齊化妝包

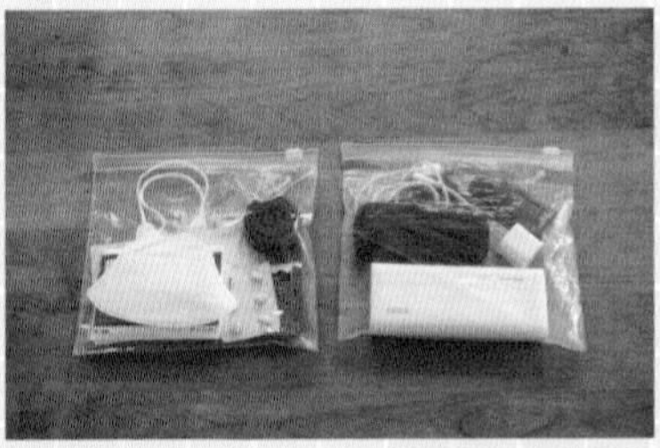

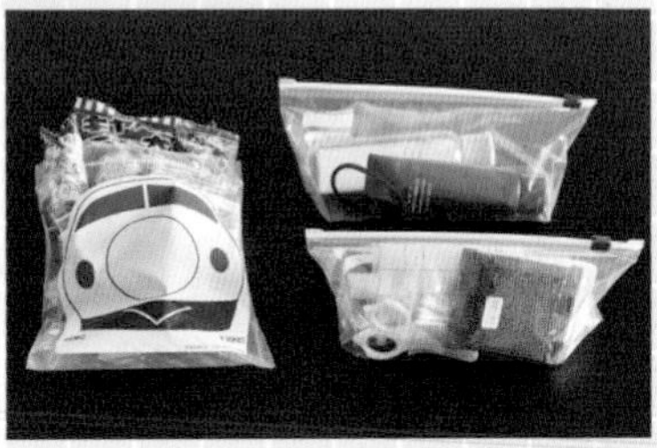

上）在丈夫的公事包中發現的夾鏈袋。方便開關的滑動式夾鏈袋分別裝有充電器類物品和衛生用品。（森島良子小姐）　下）「有厚度的直立式夾鏈袋可以直接作為化妝包使用。」裡面裝了旅行用的化妝品和皮膚保養品，而有可愛圖案的夾鏈袋則是用來裝餅乾糖果。（田中由美子小姐）

收納方式

擺放在門後的收納架內。因為是直立收放，所以將盒子上方切除，從上方拿取。使用過的夾鏈袋將前端往上拉，做出與全新夾鏈袋的區別。（本多SAORI）

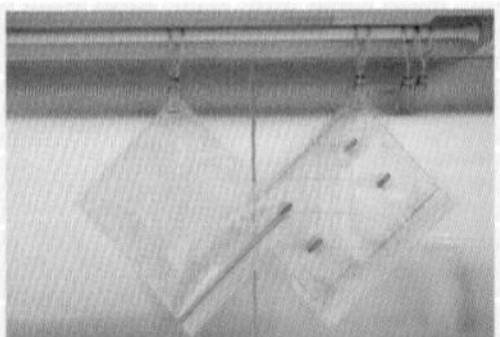

不必特地尋找晾曬的場所，水槽上就是很好的選擇。在燈管的凹洞設置伸縮桿，以掛鉤吊掛風乾，之後以直立捲起方式放進水槽下方的瓶子內。（田中AKI小姐）

創意使用法

將廚餘垃圾裝進不會飄散出味道的夾鏈袋內。「丟棄前再放入垃圾，讓它最後再發揮一次功用。」稍微撐開袋口會比較好裝袋。（永野美彌子小姐）

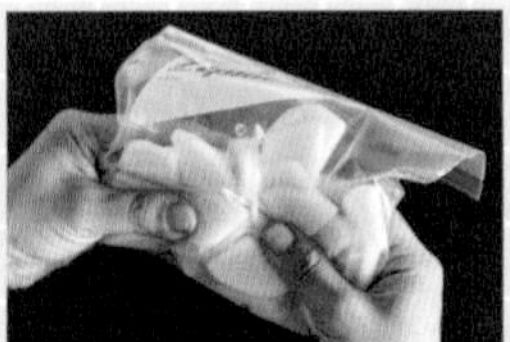

「適度用手搓揉也不會破損，塑膠袋無法做到！」放入切片的蘿蔔和鹽麴，用手搓揉後放進冰箱冷藏一晚。這樣就完成了美味的淡味醃漬蘿蔔。（田中由美子小姐）

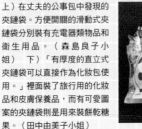

PART 3

「打掃、洗衣、煮飯的事前準備工夫」

為了提升需反覆進行家事的效率，需要的就是事前的準備和巧思。以下內容蒐集了許多小技巧來解決打掃、洗衣、煮飯時會讓人感到「麻煩」的問題。

Clean up

打掃

有人仔細規劃，當然也有人照著感覺走，從打掃的這件事可看出一個人的性格。以下就來介紹幾個將住家環境清掃乾淨的方法。

本多SAORI

盡量不要弄髒

吊掛

堆疊

鋪設

覆蓋

不要累積、不要置之不理，也不要弄髒。這是我個人對於打掃所抱持的3個原則。「不要弄髒」的部分，其實只要先做好事前準備，打掃這件事就會變得輕鬆許多。像是浴室盡量不要留下水漬、將浴缸椅和臉盆「往上堆疊」，以及利用「吊掛方式」收納瓶瓶罐罐的用品。至於瓦斯爐的熱油飛濺問題，則是可以採取「覆蓋」鋁箔紙的方式解決，還有在冰箱放置蔬菜的區域底下「鋪設」報紙，也能有效防止髒汙的產生。

為了「某一天」的打掃工作持續進行的準備過程

如果不想要在年末進行大掃除，那就要在注意到髒汙產生的當下就打掃乾淨。但是也不可能每次都立即處理完畢，而是要抱持著為了「某一天」的打掃工作，而持續進行準備的心態。像是先從收納場所拿出一片抽油煙機過濾網，放在一眼就能注意到的地方預作準備。

不能放過任何一個打掃的機會

棉被摺疊收拾完之後接著是地板清掃

清洗完餐具後
打掃水槽

晴天擦拭窗戶

雖然說打掃是我所擅長的部分，但是每天都要做，難免還是會感到厭煩。所以我經常在尋找容易注意到髒汙的「時機」。舉例來說像是早上摺好棉被收拾好之後，有陽光會從窗戶照射進來，能夠清楚看到髒汙的晴天。或是清洗完餐具後，水槽內的物品越來越少的時候，也都是打掃的好時機。

實際感受到打掃的成果

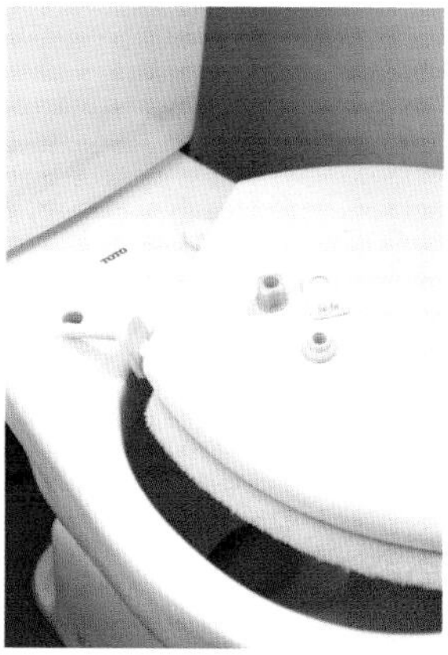

一直都知道馬桶的蓋子可以取下，所以一拿到使用手冊就立刻嘗試！看到平常看不到的地方都變得如此乾淨，這讓我再次感受到打掃這件事，真的是能夠讓家人生活得更舒適的活動。而這樣的體驗也會成為之後打掃的動力來源。

收納所有會妨礙清掃的物品

田中AKI小姐

「物品盡量不要暴露在外就能降低打掃的難度。」調味料要放在冰箱內，烹飪用具要擺放在水槽下方，維持「能夠隨手擦拭」的狀態。再次證實了確保物品收納場所的重要性！

吸塵器斷電後其餘部分「明天再清掃」

永野美彌子小姐

永野小姐習慣使用充電式的吸塵器。理由是當她專心打掃容易變得髒亂的1樓，在清理到樓梯中途時機器就會沒電。「隔天再一鼓作氣地將2樓給清掃完畢。為了整體的乾淨整潔而繼續努力。」

寵物的如廁問題以再生紙解決

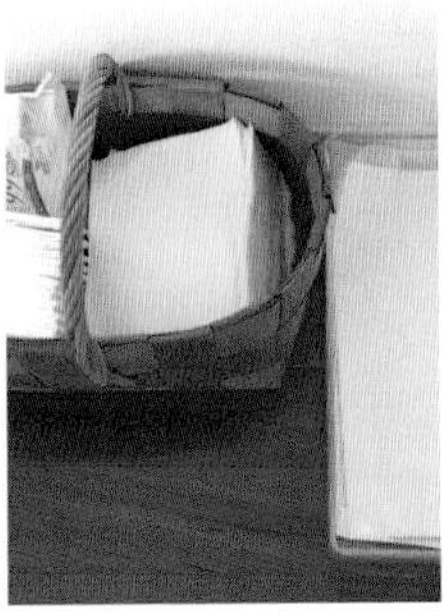

永野美彌子小姐

「比手掌還大的尺寸，用起來比廁所衛生紙還要放心。而且還可以視用途改變厚度。」因為1天會使用好幾張，所以1200張300日幣以下的價格也十分吸引人。

就算沒看到灰塵也要清掃

田中AKI小姐

照明燈的燈罩和窗戶框架等，要先清掃很容易遺忘的部分。每週1次至少用雞毛撢子清掃，就不會累積太多的汙垢。只要迅速擦拭過去就能輕鬆完成！

利用身旁的物品迅速去除地板髒汙

野村千明小姐

「如果還必須特地去拿抹布去除髒汙，有時候會想說『那就算了』，所以會利用寵物使用的濕紙巾快速擦拭。」注意到汙垢時就稍微擦拭，維持地板的清潔度。

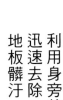

徹底清除壁紙發霉部位的清潔劑

藍子小姐

「嘗試了許多方法都失敗，最後終於找到這個神奇的清潔劑。能夠將冬天因為水氣凝結，而導致發霉的部位都去除乾淨。」而且乾燥後對人體無害，商品名稱是「專門對付黴菌　強力去霉噴霧」。

依不同日子每天改變視線範圍

田中由美子小姐

「一直持續相同的作業還是會感到厭煩」，田中小姐這麼表示。所以會制定「今天視線範圍鎖定上方位置」、「明天視線範圍鎖定下方位置」的清掃主題，作為自己的挑戰內容。完成之後會因為「達成目標」，而感到神清氣爽，也比較有動力來進行下一次的打掃工作。

微波爐內的油汙以抹布加熱去除

森島良子小姐

使用微波爐而噴濺的油脂等到冷卻後就很難清除。森島小姐會在使用後利用溫抹布直接擦拭內部，抹布沾水稍微扭乾，然後放入微波爐內加熱約15秒。

在汙垢明顯的白色地板旁邊擺放「吸塵器」

森島良子小姐

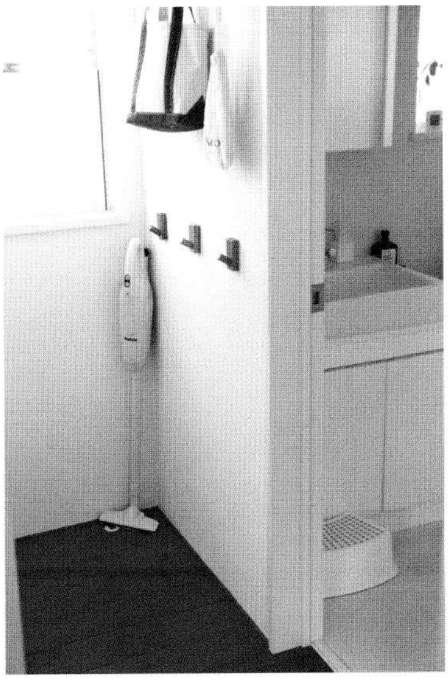

森島小姐家中有3台功能不同的吸塵器。在洗手台旁邊擺放無線吸塵器，經常用來清理垃圾和頭髮。距離前往2樓的樓梯也很近，方便拿取清掃。

利用報紙阻絕電磁爐的熱油飛濺

永野美彌子小姐

油炸食物前的準備工作很重要，在電磁爐的周圍鋪上報紙，縮減之後需要擦拭清潔的面積範圍。值得高興的是抹布就不會因此變得黏膩不好清理。

Laundry 洗衣

以機器進行的洗衣作業，
在清洗前後仍然要仰賴人類的雙手。
清洗衣物的整理竅門有哪些呢？

本多SAORI

洗衣在洗澡時進行

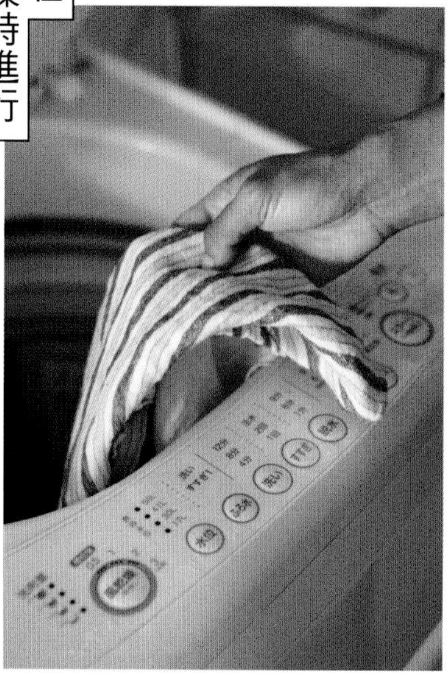

晚上洗衣服可以讓隔天早上不那麼忙碌，利用每天晚上的洗澡時間來啟動洗衣機。先在洗手台將襯衫和襪子稍微清洗，接著和抹布、換洗衣物一起放入洗衣機內後啟動。感覺就像是在終結一整天的汙垢，有助於保持心情愉快。

裝卸方便的換洗寢具

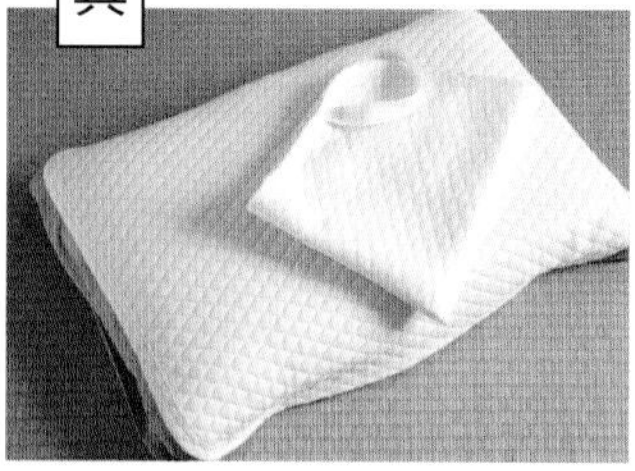

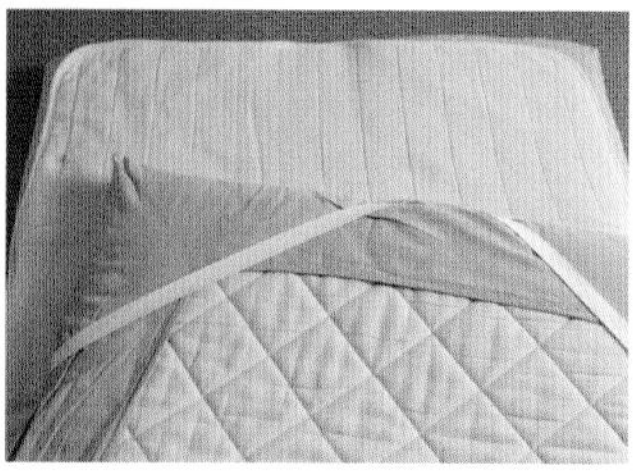

體積較大的枕頭和棉被的外罩在清洗和裝卸時都相當費力。所以可以在外罩上覆蓋保潔墊，這樣就只需要時常清洗墊子即可。就不必經常進行累人的寢具清洗作業。枕頭墊子是NITORI購入，保潔墊則是在無印良品購入。

衣物要表面朝上方便摺疊

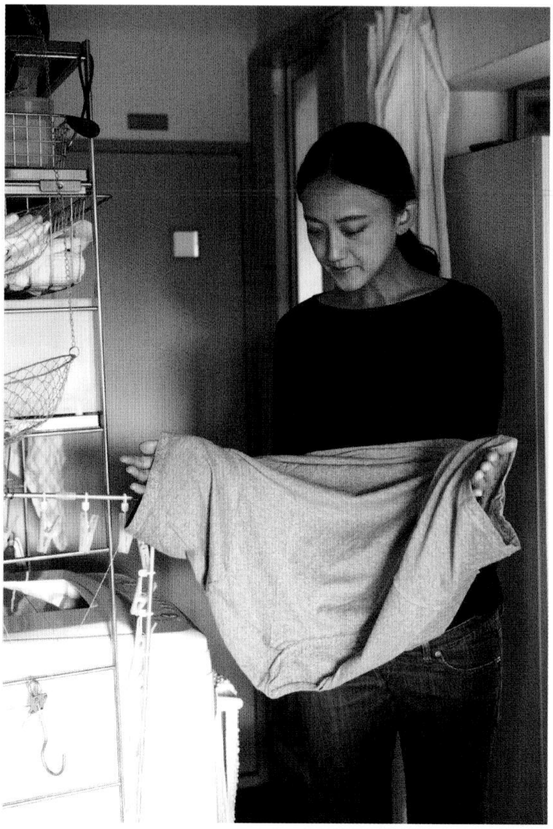

由於衣物是表面朝上摺疊，所以脫衣時要注意翻回表面。不過丈夫有時候還是會直接脫下反面朝上就丟入洗衣機內。為了能夠快速摺疊整理好晾乾後的衣物，所以會在清洗前將表面朝上再放入洗衣機內。因為之前有事先多了一道步驟，摺疊後衣物歸位也輕鬆多了。

利用作業台進行能夠站著處理的家事項目

改變客飯廳空間的擺設，將之前使用的桌子移動至廚房。這個位置是連接盥洗室→廚房→陽台的路線，做任何家事都很方便。像是洗好衣服甩動去除皺褶，暫時用來收放晾好的衣物等，輕鬆就能完成這些不必彎下腰來處理的家事項目。

使用較方便能經常清洗的洗衣板

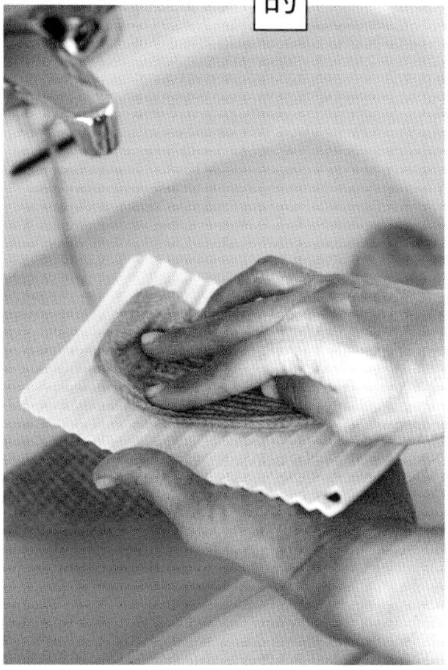

雖然清洗襯衫髒汙時洗衣刷很方便，不過洗衣刷用來清洗襪子的動作就不是很順暢，建議還是使用洗衣板。無印良品的洗衣板可自由彎曲，不會受到清洗衣物的外型限制。而且只有手掌大小，方便拿取也適合長期旅行時攜帶使用。

以曬衣夾固定腳趾部位襪子會比較快乾

有時候會發現收下來的襪子有風乾程度不一的情況，所以就試著將質地薄與厚的襪子改變晾曬方式。由於較厚的襪子如果夾住開口處，會讓襪子的厚度增加，所以是以一隻襪子腳趾朝上的方式晾曬。質地薄的襪子則是將一雙襪子開口朝上夾住晾曬。

可用來清洗布料的植物性洗澡肥皂

藍子小姐

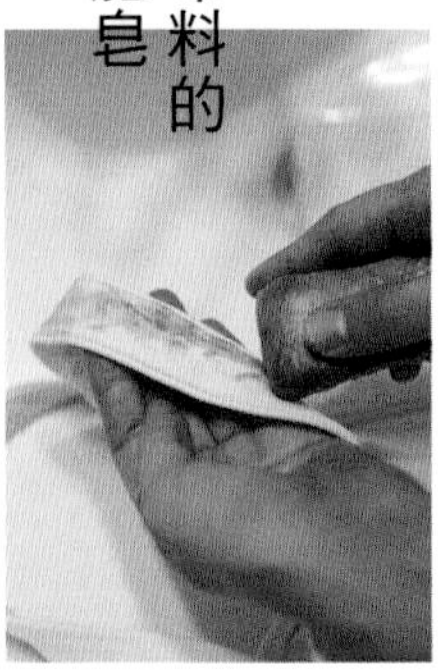

浴室裡的「Aleppo的肥皂」也能用來清洗布料縫製的背包和襯衫的領子。「就連很難清除的汙垢都能洗掉，根本不需要使用洗衣肥皂。」因為原料是植物油，排水的部分也不會造成阻塞。

以漸層顏色排列晾乾看著心情也會變好

森島良子小姐

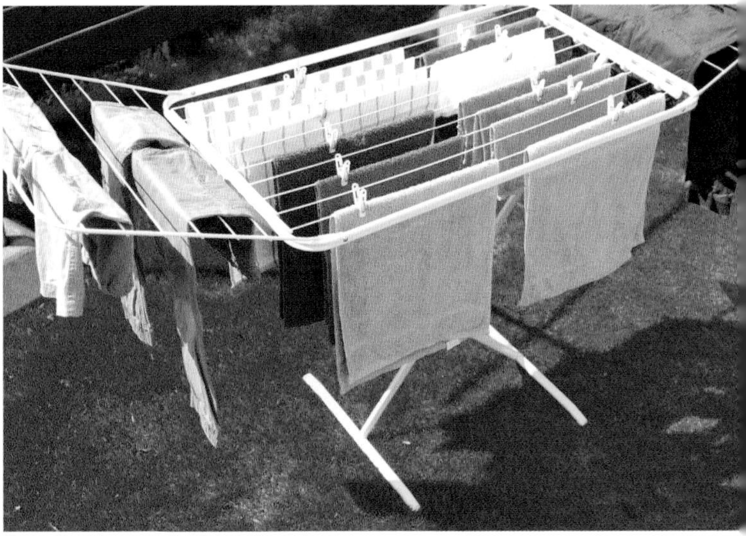

「洗好的衣物按照顏色與外型並排晾乾，看起來美觀能提升晾衣價值！」將從洗衣機取出的衣物按照種類區分，同色系的衣物以漸層方式排列。

室內晾衣物就不必在意天氣

田中由美子小姐

田中AKI小姐

右）「在室內設置晾衣設備，就不怕下雨天了。」田中由美子小姐這麼表示。而且衣物在取下摺疊前都可以一直吊掛，不會出現「等待摺疊」的衣物。　左）田中AKI小姐利用了浴室烘乾機來晾衣。「不必擔心天氣變化，減輕不少壓力！」同時也省略了去陽台收衣服的動作。

抽屜全部一次打開方便收放

藍子小姐

將摺好衣物歸位時還得一一拉開抽屜，然後再關起來。為了終止這樣麻煩的舉動，藍子小姐會事先將所有收納衣物的置物箱抽屜都打開，然後在前面直接摺疊衣物後歸位。最後，也是一次將所有抽屜都關上，整個流程簡單許多。

衣物分開各自洗衣

田中AKI小姐

準備2個擺放脫下來衣物的置物箱。這樣就不必分類，讓丈夫清洗自己衣服。另一邊則是擺放長子和田中小姐的衣物，由田中小姐負責清洗。

告別使用腳踏墊的習慣

藍子小姐

藍子小姐家中沒有腳踏墊，而是使用一整天都會用到的盥洗室擦手毛巾。洗澡時將擦手毛巾放入洗衣機內，就不需要有晾乾的場所，也不必清洗和收納。

自動集中接取換洗衣物的籃子裝置

田中由美子小姐

清洗乾淨的衣物在晾曬時絕對要避免掉落在地上的情形，所以會在曬衣架下方放置籃子，如果有衣物掉落也不會弄髒。同時也不必再一件一件撿起。

不易晾乾的洗澡毛巾吊掛在通風處

野村千明小姐

「因為不想破壞毛巾觸感，所以不會在大太陽底下晾曬毛巾！」野村小姐這麼表示。但是在陰天晾曬毛巾又不容易風乾，所以設置為上下二根的曬衣桿，製造出通風的空隙來加快風乾速度。

將曬衣工具分開提升家事效率

永野美彌子小姐

晾衣工具統一收放在箱子內，將箱子帶著走

田中由美子小姐

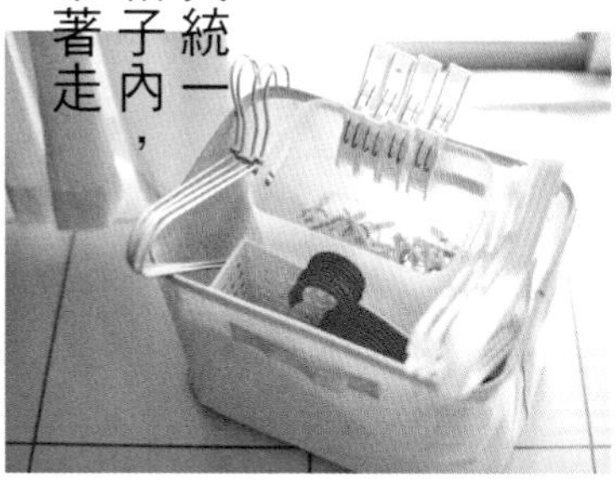

將很容易分開擺放的衣架和曬衣夾一起收納在1個箱子內。而且要使用時就只要一次拿取即可使用，整理起來也很方便。箱子固定擺放在室內晾衣處的旁邊，並確保客人來訪時有收納空間擺放。

上、右）將清洗好的衣物分別以衣架、曬衣夾及直立式吊桿等工具晾曬。因為只要重複吊掛和夾住的動作，就能有效提升晾曬衣物的效率，不需要移動就能輕鬆完成！

Cooking

煮飯

一天3次、一年共1000次的煮飯次數，所以更要尋求輕鬆就能做出美味料理的方式，讓家人都能吃出健康。

本多SAORI

以家中的露營用品代替鍋具使用

因為想要用小鍋來煮味噌湯，所以到處在尋找適合的鍋具，這時突然想到可以使用家中的露營用鍋具。使用容量有1L的鍋具剛好可以煮出2人份的湯，也很適合拿來製作水煮蛋。

將剩餘的味噌湯連同鍋具放入冰箱內。因為把手可以折疊，保存上也不會佔用空間。把手外層有防熱材質，燉煮時可以單手握住也不會燙傷。

使用已經經過處理的便利食材

我很喜歡吃「不必花時間切菜」的罐頭食物和冷凍食品！尤其是需要事前處理的魚類和豆類食物，經常會拿這些食材來做料理。右）鯖魚的水煮罐頭和豆腐、調味料以及太白粉混合後捏製成型，蒸煮成一道「鯖魚漢堡排」。這是按照cookpad提供的食譜做出來的料理。　左）將馬鈴薯沙拉加入混合豆增加分量，外觀看起來很吸引人。

不必擔心廚餘處理問題

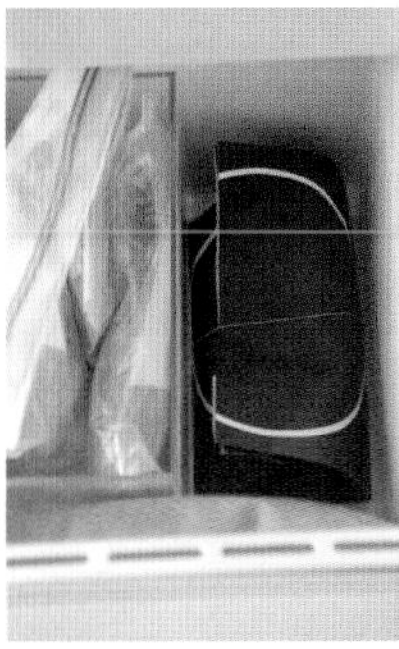

我們家的三角形廚餘桶就是去除把手的紙袋，因為是直立式擺放，單手放入也很方便。廚餘收拾乾淨後用橡皮筋綁起來，放進冰箱冷凍。等到倒垃圾的日子再拿出來丟掉。

飯後的收拾工作變輕鬆

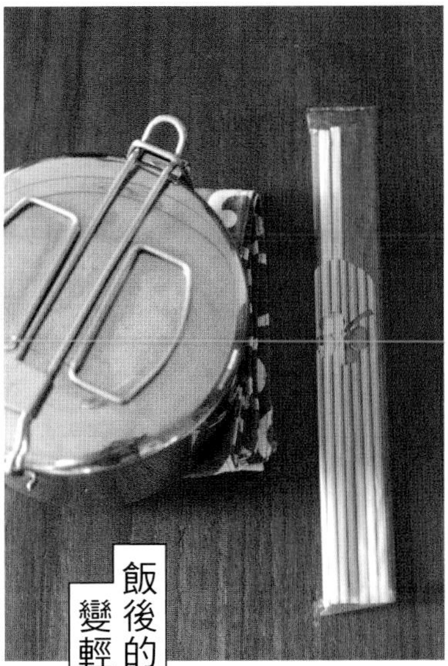

右）玉子燒和大阪燒等會沾上油脂的料理，可以放在切開的牛奶紙盒上做切割，這樣就不會弄髒砧板。之後直接將紙盒丟棄，也省略清洗的步驟。　左）「不太想清洗吃完後過了一段時間的便當盒」，將自己的心聲告訴丈夫，讓對方自己清洗好便當盒再帶回家中。這個舉動也幫了我很大的忙，所以我將便當的筷子換成不須清洗的免洗筷。

小包裝就不必在意保存期限

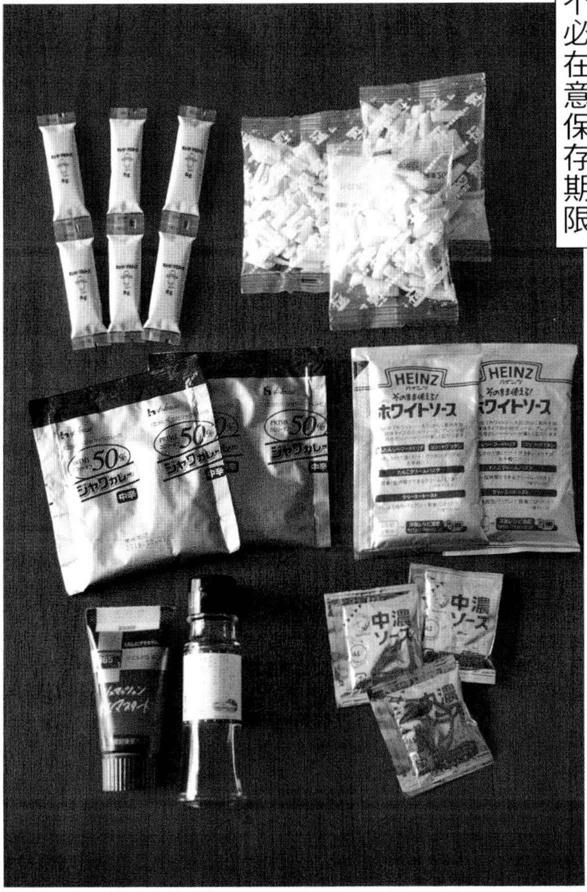

為了不要浪費食物，而立即展開了「良好的食物管理」作業。舉例來說以前是使用200g的條狀美乃滋包裝產品，現在則是使用6g的個別小包裝產品。其他像是芥末醬為40g包裝、醃漬醬汁為50ml包裝，都使用了小包裝的產品。雖然說沒有比較省錢，但是總比用不完直接丟棄還要好多了。

利用量杯和濾茶器泡開乾燥食物

即便知道乾燥食物對身體有益，但覺得要加很多水泡開很麻煩，所以一直敬而遠之。不過由於量杯和濾茶器的口徑尺寸相同，嘗試以少量的熱水進行，然後只花3分鐘就泡開了。想要在便當的玉子燒內放入食材時，使用上也很方便。

飯煮好之後立即冷凍保存

野村千明小姐

「有了這個方法，就算使用的是10年的電鍋，也能吃到美味的米飯！」一次煮出5杯米的飯量，一聽到煮好的提示聲就要立刻用飯匙拌開米飯，然後將每一餐的飯量裝在保存容器內。立即冷凍則是能直接保留剛煮好的米飯新鮮度。

輕鬆就能掌握做出美味料理的方法

田中AKI小姐

切絲的高麗菜和切片的小黃瓜撒上鹽混合，接著只要加入白醬油和灑上芝麻裝飾就可完成。只要手邊有美味的調味料，就能夠簡單做出完整的一道料理。使用的「魔法醬汁」為光浦釀造的產品。

將事前處理好的食材按照料理分開

田中AKI小姐

田中小姐會在前天晚上準備隔天的晚餐菜色。一口氣將食材都切好，並按照料理分別裝入保存容器內。隔天要烹煮時，就只要將容器內食材整個放入鍋中即可。

不可或缺方便使用的菇類食物

永野美彌子小姐

永野小姐的冷凍庫內擺放著3個種類的菇類食物。「好吃又能夠增加料理的分量，可以放進味噌湯或是採用燉煮等方式烹調，一旦感覺得哪道料理好像缺了什麼的時候，我就會立即將菇類放入鍋中。」

2分鐘就能做好的早餐

海苔香鬆、魩仔魚乾、調味鮭魚鬆及條狀梅子泥……等，如果手邊有單日使用包裝的配飯好幫手，就算是忙碌的早晨也能享用令人滿意的早餐。只要把湯煮沸加熱，接著用微波爐加熱從冰箱冷藏取出的白飯。只需要2分鐘就能做出豐盛早餐。

野村千明小姐

解凍後的魚以鹽麴醃漬變美味

田中AKI小姐

想要烹煮魚類料理而將魚解凍的行為是在糟蹋食材！嚴格來說，一開始選擇將魚類冷凍就是錯誤的作法……。「在這種情況下只要在魚身上全部都抹上鹽麴，然後放入冰箱冷藏保存，到了隔天還是能保有魚的鮮味。」還能增添其他風味變得更好吃。

手邊要有適合所有菜色的萬用醬汁

藍子小姐

將切碎的薑、大蒜、紫蘇加入醬油醃漬的醬汁。製作炸雞時，只要將這個醬汁和料理酒以1比2的比例混合，塗抹在肉塊上，接著灑上太白粉油炸即可。也很適合用來炒飯。

【清洗碗盤的訣竅】

選對海綿，能提升整個作業過程的效率……。以下介紹幾個能減輕洗碗負擔的祕訣。

小體積的海綿連角落都能清洗乾淨

野村千明小姐

野村小姐使用的是能夠以手掌整個包覆住的海綿。「很容易施力，輕鬆就能去除汙垢。清洗方形碗盤時連角落都能清洗乾淨，使用上很方便。」

不要使用清洗困難的大盤子

田中由美子小姐

「因為本身手比較小，所以不太方便拿取大的盤子……。清洗動作也不太順暢。」因此會選用適合手掌大小的盤子，比起清洗數量更重視清洗速度。

利用金字塔型堆疊法清洗和歸位都輕鬆多了

森島良子小姐

←

←

右、中、左）碗盤按照大到小的順序堆疊成「金字塔型」，有效率地進行清潔工作。首先將碗盤依大小分類，以大到小的順序清洗，並堆疊成「金字塔型」。接著從上往下再用水沖洗一次後，排列放入餐具瀝水籃內，然後從外側的碗盤開始擦拭，再以大到小的順序堆疊，最後再全部一次歸位，整個過程都很省力。

家中用具的
適當數量

鋼盆、湯杓、馬克杯及平底鍋……，以下就由本多帶著各位透過工具的數量，來瞭解廚房裡的大小事。

數量不多也不少 使用起來很輕鬆

本多SAORI
（2人家庭）

「5個鋼盆、2個湯杓、4個馬克杯和3個平底鍋，這是現在我家廚房內的工具數量。由於沒有大的鍋子，所以選用了個較深的平底鍋代替。鋼盆是和濾網搭配使用，湯勺有煮湯用和燉煮用。因為覺得不同的器具能讓1杯茶產生不同的味道，所以馬克杯是選用了自己很喜歡的Yumiko Iihoshi的作品。」

義大利麵、蘆筍、菠菜等有長度的食材，都可以利用深型平底鍋來水煮，使用十分方便。而且很快就能煮沸，輕鬆就能撈起食物。

選擇自己喜歡的設計 多年來的愛用鍋具

野村光吾先生、千明小姐
（2人家庭）

「還以為喜歡做菜的男性會擁有許多的廚房工具，沒想到如此精簡！其中包括有柳宗理的鋼盆、益子燒的馬克杯，挑選自己喜歡的設計，然後珍惜使用。」

較常使用節省收納空間的鋼盆來取代鐵盤

永野美彌子小姐
（3人家庭）

「鋼盆數量較多是因為注重料理的製作過程，包括切開、水分瀝乾、抹鹽等步驟，都是使用鋼盆取代鐵盤。並且只使用26公分大的平底鍋。」

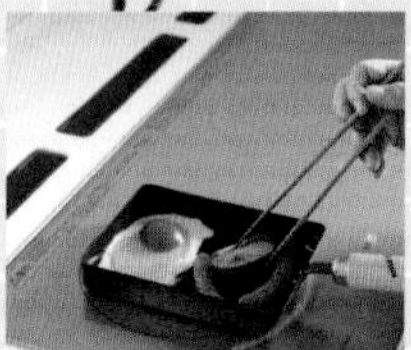

使用方型鍋做出便當菜色和早餐配菜的玉子燒。「體積較小，做菜時的準備和使用完畢後的收拾都很方便。」鐵製鍋具加熱速度快，能保留食物美味。

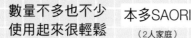

只有用途不同的工具才有兩個以上

藍子小姐
（3人家庭）

「過著簡單生活的藍子小姐，因為『討厭洗碗』，所以廚房工具為數量不多。湯杓的部分只有方便撈取的煮湯用和燉煮用共2種。廚房工具的選擇方式和我十分相似。」

利用馬克杯來整理冰箱物品，可以讓倒過來擺放的番茄醬不會掉落。因為經常會有客人來訪，所以馬克杯數量較多。

擁有大量工具享受挑選的樂趣

田中由美子小姐
（3人家庭）

「喜歡蒐集容器的田中小姐有很多個馬克杯，各種設計都會一次購買2個，方便在使用時做選擇。至於數量眾多的鋼盆，則是受到夫妻倆還沒結婚前的習慣影響。最上面的鋼盆邊緣有加寬，不論是打蛋或是攪拌食材都很方便。」

少量工具方便製作料理

田中AKI小姐
（3人家庭）

「不會令人感到負擔的廚房工具數量！由於田中小姐大多採用簡單的料理方式，這應該就是廚房工具較少的主要原因。而且其中有把手、具多功能用途的鍋子就只有1個，其實也蠻合理的。」

使用平底鍋輕鬆做出常備菜

森島良子小姐
（4人家庭）

常備菜對森島小姐來說是不可或缺的，所以平底鍋數量較多。而且一週有5天都會使用到，所以光是28㎝的平底鍋就有3個。上面2個鍋子是煎蛋專用，為了避免小孩產生過敏症狀的預防作法。」

「如果鍋子的口徑太小，就會擔心食材掉落，只能在慌亂中將食材丟進去。不過只要選大一點的鍋具，就能一口氣將食材都放進鍋中。」

PROFILE

監修者／本多沙織

住家整理收納諮詢師，2011年開始提供個人的整理收納服務（現在停止中），第一本暢銷出版作品－《讓人想打掃整理的空間布置》（WANI BOOKS）在日本銷售量高達13萬本。

跳脫傳統的物品收納觀念，再加上自然地傳達出「想要輕鬆做家事」的心聲，都成功讓主婦們深有同感。2015年出版了《整理收納的規劃讓家事變得輕鬆又簡單》，以及第一本的家事書－《簡單做家事的空間布置》（マイナビ出版）。結婚後的第6年生下第一個孩子，現在正在放育兒假。

「本多さおり official web site」 http://hondasaori.com/
部落格「讓人想打掃整理的空間布置」 http://chipucafe.exblog.jp/

TITLE

喝下午茶的心情做家事

STAFF

出版	瑞昇文化事業股份有限公司
監修	本多沙織
譯者	林文娟
總編輯	郭湘齡
責任編輯	蔣詩綺
文字編輯	黃美玉　徐承義
美術編輯	陳靜治
排版	執筆者設計工作室
製版	明宏彩色照相製版股份有限公司
印刷	皇甫彩藝印刷股份有限公司
法律顧問	經兆國際法律事務所　黃沛聲律師
戶名	瑞昇文化事業股份有限公司
劃撥帳號	19598343
地址	新北市中和區景平路464巷2弄1-4號
電話	(02)2945-3191
傳真	(02)2945-3190
網址	www.rising-books.com.tw
Mail	deepblue@rising-books.com.tw
初版日期	2017年10月
定價	280元

ORIGINAL JAPANESE EDITION STAFF

構成・文	浅沼亨子
写真	安部まゆみ、林ひろし、今村成明
デザイン	葉田いづみ
イラスト	武藤良子
間取り制作	アトリエプラン
校正	西進社

國家圖書館出版品預行編目資料

喝下午茶的心情做家事 /
本多SAORI作 ; 林文娟譯. -- 初版.
-- 新北市 : 瑞昇文化, 2017.10
96面 ; 18.2 x 25.7公分
ISBN 978-986-401-194-0(平裝)

1.家政 2.家庭佈置

420　　106014711